KB001500

티소믈리에를 위한

중국차 바이블

CHUGOKUCHA NO KYOKASHO

written by Tomoko Konma

Copyright ⓒ 2012 by Tomoko Konma. All rights reserved.

Original Japanese edition published by Seibundo Shinkosha Publishing Co., Ltd.

This Korean edition is published by arrangement with Seibundo Shinkosha Publishing Co., Ltd., Tokyo in care of Tuttle—Mori Agency, Inc., Tokyo through Eric Yang Agency, Seoul.

티소믈리에를 위한

중국차 바이블

홍차 · 녹차 · 청차 · 백차 · 흑차 · 황차 · 꽃차 · 공예차

중국차의
총결서

한국 티소믈리에 연구원

오늘날 전 세계는 커피에 이어 새로운 음료 시장의 블루오션으로 차(tea)를 주목하고 있습니다. 세계 각국 여러 업체들이 본격적으로 차(tea) 음료 사업에 뛰어든 데 이어 국내에서도 차 음료 시장이 새로이 열리고 있습니다.

하지만 예전부터 차(tea)는 수없이 많은 종류가 존재해 왔고, 또 지금도 전 세계 각지에서 끊임없이 개발되고 있습니다. 이처럼 오늘날에는 수없이 많은 차(tea)들이 존재하지만 그러한 차들의 기원은 모두 중국입니다.

중국차 하면 우리는 우롱차나 보이차를 떠올리지만 중국차는 제조 과정에 따라 분류한 6대 다류를 기본으로 시대와 장소에 따라 수없이 많은 종류들이 생산되어 왔습니다. 또 지금도 중국의 각 차 시장에서 새로운 차들이 소비자들의 요구에 맞춰 끊임없이 쏟아져 나오고 있습니다.

새로운 차들이 해마다 등장해 순식간에 시장을 석권하는 등 중국차의 시장은 그야말로 박진감이 넘칩니다. 또 예전부터 만들어 오던 차도 그 박진감 넘치는 차 시장의 동향을 반영하여 소비자의 요구에 맞게 가공 방법이나 맛을 미묘히 바꿔 나가면서 같은 이름의 차라도 수년 전에 것과 지금의 것이 그 외관과 맛에서 확연히 차이가 나기도 합니다.
그래서 마시고 또 마셔도 다 맛볼 수 없다는 것이 바로 중국차의 큰 매력입니다.

이 책에서는 고대 차마의 교역로 차마고도를 통해 중국에서 시작하여 내륙아시아를 가로질러 지중해 연안국에 이르기까지 거래되었던 녹차, 홍차, 황차, 흑차, 백차, 꽃차 등 총 137종의 중국차들을 총결하여 소개합니다.

부디 이 책을 통하여 고대 차마 무역의 낭만을 공유하고 지리적으로 역사적으로도 광대한 중국차의 세계를 이해하여 차를 즐길 수 있는 방편을 드넓게 펼치는 데 큰 도움이 되기를 기대합니다.

한국 티소믈리에 연구원 **정 승 호** 원장

Prologue 2

차茶는 장대한 역사와 광활한 영토를 지닌 중국에서 예로부터 약으로, 기호품으로 황제에서부터 서민에 이르기까지 널리 사랑을 받아 온 음료이다. 소녀의 가녀린 손으로만 딸 수 있다는 전래일화가 있을 정도로 새싹이 섬세하기로 유명한 비뤄춘碧螺春벽라춘이나 사다리를 써야만 딸 수 있는 푸얼차普洱茶보이차도 수많은 사람들이 지속적으로 마셔 오면서 오늘에 이르고 있다. 시인이나 정치가가 그 맛에 놀라 감탄하여 이름을 지어 유명해진, 한 이름도 없는 시골의 차도 있다.

차는 기호품일 뿐만 아니라 생활필수품이기도 하다. 신선한 야채를 섭취할 수 없는 고장의 사람들에게 차는 비타민의 중요 공급원이다. '먹을거리 없이는 사흘을 살 수 있어도, 차 없이는 하루도 살 수 없다宁可三日无粮,不可一日无茶'는 그들의 지역으로는 아주 오래전부터 '차마고도茶馬古道'라는 차마 무역의 '티 로드tea road'가 있었다. 차는 현재까지도 이들 지역으로 운반되고 있다. 오랜 역사를 거쳐 지금에 이른, 한 잔의 차 속에는 광대한 이야기들이 녹아 있다.
중국의 차 상인들은 그 차 이야기에 매료된 나에게 평생을 마셔도 다 마실 수 없을 만큼 다양한 종류의 차와 수많은 탄생 비화를 간직한 매혹적인 차를 끝없이 소개해 주었다.
내가 차의 세계에 깊숙이 빠져들면서 알게 된 사실은 '전통문화를 사랑하는 사람들 중에는 악인이 없다'는 것이다. 지금껏 차 농부나 차 상인을 숱하게 만나 봐 왔지만, 그들은 나에게 한결같이 차에 관한 훌륭한 문화나 풍습을 친절히 알려 주었다. 무엇보다도 차에 대한 애정은 각별했다. 그런 차 농부나 차 상인이 보여 준 모습의 공통점은 모두 건강하다는 사실이다. 저장성의 룽징찻집, 윈난성의 푸얼찻집, 푸젠성의 우이옌(무이암)찻집 등의 주인들은 출신도, 다루는 차도 저마다 달랐지만, 남녀를 가릴 것 없이 다 날씬하고 피부도 고왔다. 과학적으로 산출된 자료는 없지만 그들을 보고 있으면 차가 몸에 좋다는 사실을 절로 알 수 있었다. 건강을 위해 맛없는 음료를 억지로 참고 마시는 일은 결코 쉬운 일이 아니다. 그러나 중국차는 몸에도 좋고 맛도 좋아 일거양득이다.

이 책에는 내가 늘 느끼는 중국차의 아름다움과 즐거움을 독자와 나누기 위하여 가능한 한 많은 차 이야기를 담았다. 아울러 생활 속에서 중국차를 제대로 즐길 수 있도록 각 차의 효능에 대하여도 소개한다.
오래전부터 수많은 사람들이 사랑하고 즐겼던 중국차. 그 오랜 역사를 여러분도 함께 경험하여 보기 바란다.

곤마 도모코

CONTENTS

제 1 장

the effect of Chinese tea
중국차의 효능

제 2 장

the fundamentals of Chinese tea
중국차의 기초

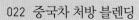

부록_ 티(tea)의 시대를 펼칠 티 전문가의 책임 양성 기관 **한국 티소믈리에 연구원**

一之源

茶者，南方之嘉木也。一尺、二尺，乃至數十尺。其巴山峽川有兩人合抱者，伐而掇之。其樹如瓜蘆，葉如梔子，花如白薔薇，實如栟櫚，蒂如丁香，根如胡桃。其字，或從草，或從木，或草木并。其名，一曰茶，二曰檟，三曰蔎，四曰茗，五曰荈。其地，上者生爛石，中者生礫壤，下者生黃土。

凡藝而不實，植而罕茂，法如種瓜，三歲可採。野者上，園者次。陽崖陰林，紫者上，綠者次；笋者上，牙者次；葉卷上，葉舒次。陰山坡谷者，不堪採掇，性凝滯，結瘕疾。茶之為用，味至寒，為飲最宜。精行儉德之人，若熱渴、凝悶、腦疼、目澀、四肢煩、百節不舒，聊四五啜，與醍醐、甘露抗衡也。採不時，造不精，雜以卉莽，飲之成疾。茶為累也，亦猶人參。上者生上黨，中者生百濟、新羅，下者生高麗。有生澤州、易州、幽州、檀州者，為藥無效，況非此者！設服薺苨，

중국차란?

중국차中國茶 하면 우리나라에서는 우롱차烏龍茶오룡차나 푸얼차普洱茶보이차의 이미지를 떠올린다. 차의 종주국인 중국에서는 실제로 가장 많이 마시는 차가 녹차綠茶이다. 또 서양에서 많이 마시는 홍차紅茶는 사실 중국에서 탄생하였다. 이처럼 녹차나 홍차나 우롱차나 푸얼차普洱茶보이차는 모두 중국차이다. 중국차는 가공 방법에 따라 여섯 종류로 크게 나뉜다.

한반도의 약 44배에 달하는 중국 대륙은 지역에 따라 기후나 풍토에 큰 차이를 보인다. 이로 인하여 중국에서는 마시는 차도 지역별로 매우 다양하다. 대륙 전체로 유통되지 않고 오직 차 생산지에서만 맛볼 수 있는 '토종 차'도 수없이 많다.

이러한 중국의 차 시장은 그야말로 생동감을 넘어 박진감마저 넘친다. 해마다 새로운 차가 혜성처럼 나타나 순식간에 시장을 석권하는 경우도 있다. 이로 인하여 중국의 차 시장에서는 차 농부들이 자신이 만든 차가 이목을 끌 수 있도록 온갖 노력을 다 기울인다. 예전부터 만들어 오던 차도 그 박진감 넘치는 차 시장의 동향을 반영하여 소비자의 요구에 맞도록 가공 방법이나 맛을 미묘히 바꿔 나간다. 같은 이름의 차라도 수년 전에 만든 것과 지금 만드는 것이 그 외관과 맛에서 확연히 차이가 난다. 마시고 또 마셔도 다 맛볼 수 없다는 것도 중국차의 큰 매력이다.

중국차의 역사는 곧 전 세계 차의 역사이다. 그 기원은 신화시대로까지 거슬러 올라간다. 또 중국차의 이름에는 기묘한 것들도 많다. 그 유래를 더듬어 올라가면 다양하고도 재미있는 이야기들이 펼쳐진다.

아득한 옛날 비단의 유통로였던 실크로드silk road에서처럼 차의 교역로였던 차마고도茶馬古道에서도 고대 차마 무역의 낭만을 엿볼 수 있다. 지리적으로도 역사적으로도 광대한 중국차의 세계. 이 세계를 조금만 더 알아도 차를 즐길 수 있는 방편은 드넓게 펼쳐질 것이다.

중국에서 차는?

의식동원醫食同源-의약과 음식은 근원이 같다-이라는 중의학中醫學 사상을 기초로 삼는 중국 의학계에서는 차를 '양성凉性-찬 성질'과 '온성溫性-따뜻한 성질'으로 나눈다. 이를 통하여 차를 몸 상태나 계절에 맞추어 음용하여 몸의 건강을 유지하는 데 많이 활용하고 있다.

예를 들어 산화를 억제한 녹차나 산화도가 낮은 백차白茶는 몸을 차게 하는 양성을 띤다고 생각하여 주로 무더운 여름철에 마신다. 한편으로는 '차가운 성질은 만병의 근원'이라고도 하여, 특히 여성은 몸이 차지 않도록 해야 해 양성의 차를 마시는 때에 주의를 기울이는 사람도 많다. 다만 녹차에는 면역력을 높이는 효능이 있어 감기나 독감의 예방을 위하여 추운 겨울에 마시는 사람도 있다. 봄에 잎을 따서 만든 녹차를 아침에 한 잔씩 마시면 면역력을 기르는 데 도움이 된다.

반면 찻잎을 완전 산화시킨 홍차는 몸을 따뜻이 하는 온성을 띤다고 생각하여 가을이나 겨울에 자주 마신다. 몸을 따뜻이 해 장기의 활동을 원활히 하고, 신진대사를 높이며, 다이어트도 할 수 있다. 몸에서 무리하게 체지방을 분해하는 것이 아니라, 그 사람이 적정 체중으로 되돌아가도록 하여 몸의 건강을 유지하여 주는 것이 온성 차의 가장 큰 효능이다.

또 백차는 중국에서는 해열 효능이 좋기로 알려져 있다. 특히 어린아이가 홍역을 앓을 때의 해열 효능은 항생제보다 낫다고 하여 약으로 상비하는 가정도 많다.

차의 기원을 살펴보더라도 차는 처음부터 음료로 사용되었던 것이 아니라 약으로 사용되었다는 사실을 알 수 있다. 홍차가 중국에서 영국으로 건너간 당시에도 약으로서 효능이 대대적으로 광고되어 건강에 이로운 음료로 알려졌다. 지금도 중국에서는 몸 상태나 계절에 따라 건강에 유익하도록 차를 선택하여 마시고 있다.

중국차는 맛있고 향기로울 뿐 아니라 생활 속에 뿌리내린 실용성 높은 음료이다.

── 중국차 우리는 법

중국차는 우리는 일이 어렵다는 느낌이 있다. 전용 다기를 갖추고 있지 않거나 독특하게 우리는 방법을 모르면 맛있게 마실 수 없으리라는 예단으로 아예 마셔 본 적이 없는 사람들도 꽤 많다.

찻잎을 우려낸 중국차를 처음 머금었을 때 입안으로 퍼지는 맛과 향은 '이것이 과연 천연의 향인가' 싶을 정도로 놀랍고, '차로 이만큼 감동할 수 있는가' 하는 생각이 들 정도로 깊이가 있다. 그러나 차로 이러한 감동을 맛볼 수 있는 방법은 사실 의외로 간단하다.

찻잎의 양과 뜨거운 물의 양, 그리고 온도만 정확히 알고 있으면 어떤 다기를 사용하더라도 맛있게 우려낼 수 있다. 예를 들면 찻잎에 따라 유리로 된 다기로 우리거나, 더운 계절에는 온도를 조금 낮춘 물로 우리거나 하는 것이다.

차는 신기하게도 같은 양의 찻잎, 같은 온도의 물을 사용하더라도 우리는 사람에 따라 맛이 다르다. 자신의 마음에 드는 맛을 낼 수 있으면 자신만의 차 맛을 찾았다고 할 수 있다. 차의 맛에는 정답이라는 것이 없기에 새로운 맛을 추구하면서 찻잎의 양이나 뜨거운 물의 온도나 양을 매번 달리하여 보는 것도 재미있다.

최근에는 버튼을 누르면 우린 찻물만 밑으로 빠지는 편리한 멀티 티 서브 multi tea sub도 있어 직장에서도 간편하게 찻잎을 우린 차를 즐길 수 있다. 향기로운 중국차를 마시며 휴식 시간을 보내면 기분 전환을 불러와 행복한 시간을 보낼 수 있다. 요령만 알면 누구나 차를 맛있게 우릴 수 있다. 지금 간단한 다기로 나날의 작은 행복을 아름답게 경험하여 보기 바란다.

중국차 효능 알고 마시기

차는 오래전 중국에서 약으로 마셨던 데서 유래하였다. 또 17세기 중국차가 영국으로 건너갔을 때도 '동양에서 온 신비의 약'이라 소개되며 고가의 물품으로 거래되었다. 원기 회복, 긴장 완화, 다이어트뿐 아니라 두통 진정이나 냉증 감소, 숙취 해소 등 많은 효능이 있는데, 이를 알고 마시면 차를 단순히 맛만 즐기는 데서 벗어나 보다 실용적으로 활용할 수 있다.

대신에 잘못 마시면 역효과를 불러올 수도 있다. 예를 들어 지방 분해 효능이 높은 푸얼차普洱茶보이차를 공복에 다량으로 마시면 위에 부담을 준다. 이런 이유로 몸을 차게 하는 양성의 녹차나 백차는 추운 계절이나 냉증이 있는 사람에게는 권할 수 없는 일이다. 특히 여성의 경우 생리 중에 양성의 차를 마시면 생리통이 더 심해질 수 있다고 한다.

중국에서 차는 뜨겁게 마시는 것이 기본이다. 최근에는 중국에서도 페트병 음료가 보급되어 차가운 차를 마시기도 하지만, 건강에 도움이 되는 효능을 생각하면 뜨겁게 마시는 것이 기본 스타일이다.

중국에서는 기본적으로 손님을 맞이하는 경우에 '뜨거운 차'를 낸다. 중국의 찻잔을 본 사람이라면 '왜 이렇게 작게 만들었을까' 하는 의문을 가질 수도 있다. 작은 찻잔에는 손님이 늘 뜨거운 차를 마실 수 있도록 한 배려가 녹아 있다. 주인은 손님이 오면 직접 차를 우린다. 손님의 찻잔이 비면 바로 뜨거운 차를 따른다. 찻잔에 따른 차가 식으면 그것을 비우고 새로 우린 뜨거운 차를 또 따른다. 주인은 손님을 대접하는 내내 뜨거운 차를 계속 따라 준다. 이것이 바로 중국식 손님 대접이다.

차마다의 효능을 알고, 마시는 적기를 알면 차의 제 효능을 발휘할 수 있다.

중국차 향유하기

종류도 다양하고 효능도 풍부한 중국차. 가격 대비 효율이 좋은 차이지만, 가게에 진열된 중국차를 보고 가끔은 비싸다고 느끼는 사람도 있을 것이다.

그럼에도 중국차는 적은 양의 찻잎으로 여러 번 우려낼 수 있어 효율적이다. 일반적으로 녹차라면 세 번 정도, 우롱차라면 열 번 정도, 좋은 품질의 푸얼차普洱茶보이차라면 스무 번까지도 우려낼 수 있다. 우롱차는 서너 번째로 우려낸 것이 보통 가장 맛있다. 푸얼차普洱茶보이차는 우려낼수록 맛이 변하여 다양한 풍미를 향유할 수 있다. 만약 한두 번만 우려낸다면 중국차 본래의 맛과 향을 즐기지 못했다고 할 수 있다. 한가로이 시간을 보내며 중국차를 여러 번에 걸쳐 우려내 본연의 향미를 만끽해 보기 바란다.

커피 한 잔을 내리기 위해서는 약 10g의 원두를 사용한다. 50g의 원두로는 다섯 잔의 커피밖에 마실 수 없다. 반면 차는 50g의 찻잎으로 상당히 오랜 기간 여러 번에 걸쳐 우려내 마실 수 있다. 차는 가격만 놓고 보면 커피나 다른 음료보다 비싸게 느낄 수 있지만, 한 잔당 비용 대비 효과는 의외로 좋다.

봄에는 햇차, 여름에는 몸을 차게 하는 차, 가을에는 몸을 따뜻이 하는 차. 아침에는 머리를 맑히는 차, 오후에는 긴장을 완화하는 차. 계절이나 때에 맞추어 알맞은 차를 고르는 것도 큰 즐거움이다. 부디 지금의 기분에 딱 맞는 차를 고르는 데 이 책이 도움이 되었으면 한다. 여러분도 이토록 멋진 중국차를 향유하여 보기를 권한다.

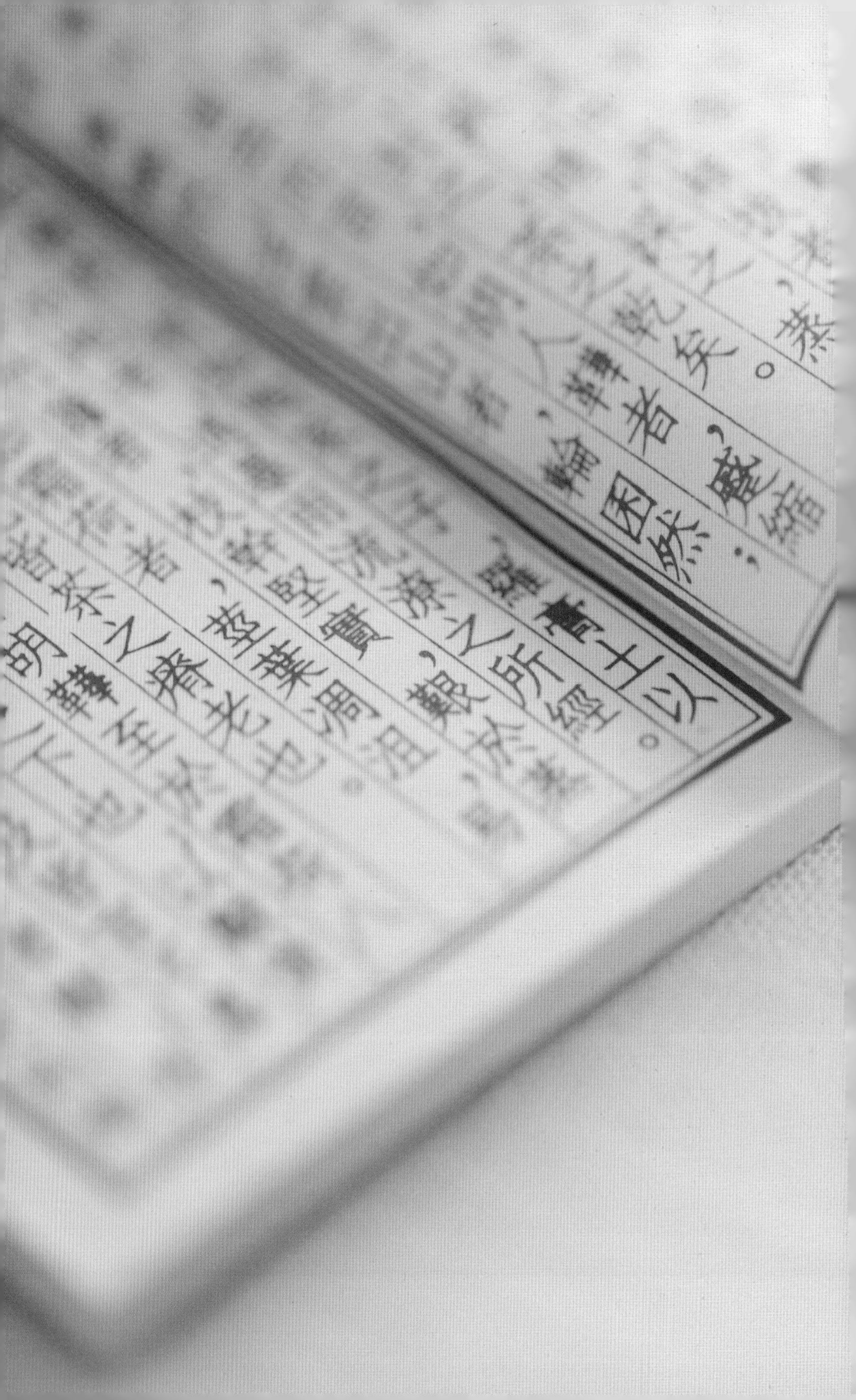

the effect of Chinese tea

중국차의 효능

중국차는 각각의 종류마다 제 효능이 있다. 이들 효능은 중국 전통의 중의학中醫學을 기초로 하고 있다. 중국인들은 몸이 찰 경우 몸을 따뜻이 하는 홍차紅茶를 마시고, 몸의 열을 내려야 할 경우 해열 효능이 있는 백차白茶를 마시는 등 각 차의 효능을 이해하고, 이를 생활에 적용하고 있다. 여기서는 중의학에 대한 개략적인 개념과 차의 효능, 또 마실 때 유의해야 할 점 등을 소개한다.

중국차 처방 블렌딩

중국차는 제각기 효능이 있지만 허브와의 블렌딩으로 보다 효과적으로
마실 수 있다. 증세별로 효능이 있는 처방 블렌딩의 예를 소개한다.

두통

안시톄관인安溪鐵觀音안계철관음 +
로즈메리rosemary

안시톄관인安溪鐵觀音안계철관음에 들어 있는 카페인은 두통을
진정하는 데 효능이 있다. 로즈메리는 혈액 순환을 원활히 하고
신진대사를 촉진하여 혈관을 튼튼히 한다. 이 블렌딩은 향기도
감미롭다.

위통

푸얼수차普洱熟茶보이숙차 +
진피陳皮 : 감귤류의 껍질

푸얼수차普洱熟茶보이숙차는 소화효소인 리파아제를 활성화한다. 이
활성 리파아제는 지방을 분해하면서 소화를 촉진하여 위통을 예방
한다. 감귤류 껍질을 말린 진피는 위장을 튼튼히 하고, 대장을 깨끗
이 한다. 진피는 한방에서 약재로도 사용한다.

숙취

녹차綠茶 + 연근

녹차에 함유된 카테킨catechin은 숙취의 원인인 아세트알데
히드acetaldehyde를 분해한다. 특히 미지근한 물로 시간을 들
여 우려낸 녹차에는 카테킨이 매우 풍부하여 알코올 냄새를
없애는 효능이 있다. 숙취뿐만 아니라 구취나 체취의 제거에
도 효능이 있다. 연근도 비타민 C가 풍부하여 숙취 해소에 도
움이 된다. 녹차에 연근을 갈아 블렌딩한다.

변비

녹차綠茶 + 꿀, 깨

녹차의 카테킨은 살균 효능이 있어 유해한 균은 줄이고, 유익한 균
은 늘리는 등 장의 연동운동을 촉진한다. 꿀에 포함된 글루콘산
Gluconic acid도 몸에 이로운 균을 증식하여 장내 환경을 조정해 준
다. 또한 꿀은 장에서 흡수하는 수분의 양을 줄여 배변이 편해진다.
깨의 성분인 불용성 식이 섬유도 배변이 쉽도록 한다.

냉증

홍차紅茶 + 생강, 대추

홍차, 생강. 대추는 모두 몸을 따뜻이 하는 효능의 식
재료로 몸이 냉한 것을 완화해 준다. 껍질을 벗기고
얇게 썬 생강과 통대추를 홍차와 블렌딩하여 영양분
을 우려낸다. 향긋한 생강 향과 대추의 달콤한 맛이
아주 잘 어울린다.

목통증

백차白茶 + 배

백차에는 소염 효능이 있다. 배는 목이나 기관지를 촉촉이 하여 열을
식히면서 가래나 기침을 가라앉힌다. 배는 갈아서 차와 블렌딩한다.
꿀이나 설탕을 조금 넣으면 목 넘김은 훨씬 부드러워진다.

고혈압

녹차綠茶 + 셀러리celery

녹차에 함유된 카테킨과 '가바GABA-감마아미노부티르산'은
혈압 강하 효능이 있다. 미나리과의 셀러리에 다량으로 함유
된 칼륨도 혈압을 낮추는 효능이 있다. 또 뜨거운 차는 혈관 통
로를 확장하여 혈액 순환을 원활히 해 혈압을 내린다.

생리통 ①

홍차紅茶 + 대추, 생강, 산초나무, 흑설탕

이들 식재료는 모두 몸을 따뜻이 하여 몸의 냉증으로 인한 생리통을 완화한다. 특히 대추는 철분이 풍부하여 조혈 작용을 해 빈혈 예방 효능이 있다. 생강은 갈아서 홍차와 블렌딩한다.

생리통 ②

홍차紅茶 + 메이구이차 玫瑰茶매괴차

홍차는 몸을 따뜻이 하여 생리통에 효능이 있다. 장미과인 해당화는 혈액 순환을 원활히 하며, 진통鎭痛의 효능이 있다. 홍차와 메이구이차玫瑰茶매괴차를 블렌딩하여 마시면 시너지 효과를 볼 수 있다. 역시나 보기에도 아름다워 기분 전환에는 제격이다.

소화불량

녹차綠茶 + 진피

식전에 녹차를 마시면 카테킨이 위 내벽에 막을 형성하여 칼로리의 과도한 흡수를 막아 준다. 진피는 위액 분비를 촉진하여 소화를 적극적으로 돕는 효능이 있다.

구취

백차白茶 + 민트

중의학에서는 구취의 원인을 위장에 열이 많은 데서 찾는다. 이로 인하여 해열·해독 작용을 하는 백차가 구취 제거에 효능이 있다는 것이다.

또 실제로 민트는 강한 향을 풍기며 살균 작용을 하고, 치주염 예방 효능도 있어 구취 제거에도 효험이 좋다. 구취의 원인은 많지만 입안에 번식하는 세균이나 위장 혹은 입안의 질환으로 주로 발생한다.

몸에 맞는 중국차

'의식동원醫食同源'-의약과 음식은 근원이 같다-이 생활양식의 기본인 중국에서는 차를 성질에 따라 몸을 따뜻이 하는 온성溫性, 몸을 차게 하는 양성涼性으로 나눈다. 또 계절이나 몸의 상태에 맞추어 차를 건강에 이롭도록 마신다.

온성과 양성은 주로 찻잎의 산화도를 기준으로 나눈다. 산화도가 낮은 차는 양성, 산화도가 높은 차는 온성으로 구분한다. 비산화차인 녹차는 양성, 완전 산화차인 홍차는 온성으로 분류한다.

한편 청차青茶는 차의 종류에 따라 산화도가 20~80%나 차이가 난다. 배전焙煎, 로스팅이라는 독특한 가열 과정을 거친 것과 그렇지 않은 것이 있어 제조 과정에 따라 각각 온성과 양성으로 갈린다. 예를 들면 안시톄관인安溪鐵觀音안계철관음은 산화도도 낮고, 배전 과정도 없어 양성으로 분류한다. 반면 배전 과정을 강하게 거친 우이옌차武夷岩茶무이암차나 펑황단충차鳳凰單欉茶봉황단총차 등은 비교적 낮은 산화도로 만들어짐에도 온성으로 분류한다.

무엇보다 가장 일반적이면서도 간단하게 청차를 분류하는 방법은 찻잎이 초록인 것은 양성으로, 검은 것은 온성으로 구분하는 것이다.

흑차黑茶의 경우 숙성이 충분히 이뤄지지 않은 생차生茶는 양성으로, 숙차熟茶는 온성으로 분류한다. 숙성도가 낮은 생차를 처음으로 마셔 본 여성이 차의 향미가 마음에 들어 한 달 동안 매일 마셨더니 생리가 멈춰 버렸다는 이야기도 있다. 이는 숙성이 덜된, 양성을 띠는 생차를 다량으로 섭취하여 자궁이 차가워졌기 때문이다.

이는 극단적인 경우이다. 중의학의 관점에서는 '차가운 성질(양성)은 만병의 근원'이라는 입장이다. 이로 인하여 중국에서는 월경 중 생리통이 심하지 않도록 여성에게 양성의 차를 마시지 않도록 하는 경우가 많다. 반대로 몸에 열이 많은 남성은 양성의 차를 마시면 좋고 한다.

각 차의 특성을 알고 수많은 차 가운데서 자신에게 딱 맞는 차를 골라 마시면서 건강을 자연스럽게 유지할 수 있다는 것이 중국차의 장점이다.

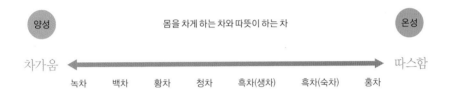

몸을 차게 하는 차	몸을 따뜻이 하는 차
• 몸을 차게 한다. • 여름 등 더울 때 마신다. • 냉증이 있는 사람은 다량으로 마시는 것을 삼가는 것이 좋다.	• 몸을 따뜻이 한다. • 가을, 겨울 등 추울 때 마신다. • 몸에 열이 많은 사람은 마시는 것을 삼가는 것이 좋다

양성 　　　　　　　몸을 차게 하는 차와 따뜻이 하는 차　　　　　　　 온성

차가움 ←———————————————————————→ 따스함

녹차　　백차　　황차　　청차　　흑차(생차)　　흑차(숙차)　　홍차

• 차의 주성분과 맛의 관계

성분	맛 / 작용	효능
카테킨*	떫은맛	살균·항균 작용, 항산화 작용(노화 방지), 세포막의 콜레스테롤 양 조절, 혈전 예방, 인플루엔자 예방, 탈취 작용, 구취 제거, 장 청소 작용 등.
테아닌(아미노산)	단맛	진정 효과, PMS(월경전증후군)의 완화.

* 카테킨은 폴리페놀계로서 '타닌tannin'이라고도 한다. 모든 종류의 차에 함유되어 있지만, 특히 녹차와 백차에 다량으로 함유되어 있다.

중국차의 효능

맛도 건강에도 좋은 중국차. 중의학의 관점에서 살펴본 대표적인 효능을 소개한다.

몸의 상태	권장 차	차의 성분 및 효능
원기 부족	화차(꽃차)	녹차의 카페인, 백차의 아미노산, 홍차의 카테킨이 원기를 회복한다.
두통	화차(꽃차)	카페인과 방향성 물질이 신경 경련을 완화한다.
숙취	쿠딩차苦丁茶고정차, 보이(생)차	간의 해독성을 높인다. 푸얼차普洱茶보이차의 경우 생차만 효능이 있다.
냉증	홍차, 옌차岩茶암차	찻잎이 완전히 산화한 홍차나 강하게 배전(로스팅)한 옌차岩茶암차는 온성으로서 체온을 높인다.
위장 장애	흑차, 황차, 홍차	폴리페놀류가 발효 혹은 산화해 생성된 성분들이 위장의 기능을 조정한다.
소화 불량	흑차, 홍차	폴리페놀류에 미생물이 작용하여 위장의 운동을 촉진한다.
변비	화차(꽃차), 황차	제조 과정에서 생겨나는 효소가 대장의 운동을 촉진한다.
고도 비만	청차, 흑차, 녹차	청차, 흑차는 폴리페놀 화합물을 다량으로 함유하고 있고, 녹차는 카테킨을 다량으로 함유하고 있어 체지방을 분해하고 신진대사의 양을 늘려 다이어트 효능이 있다.
체지방 비만	흑차, 청차	카페인과 폴리페놀 화합물의 효용으로 체지방을 분해한다.
부종	녹차, 백차	다량으로 함유한 카페인의 이뇨 작용으로 붓기를 가라앉힌다.

간 기능 저하	백차	해독 작용이 있다.
여드름	백차	중의학의 관점에서 여드름은 위장에 열에 많아 생기는 증세이다. 위장의 열이나 습기가 경락이 많이 분포한 얼굴에 여드름으로 나타나는 것이다. 해열 작용이 있는 백차가 효능이 있다.
피부 미용	백차, 녹차, 청차	비타민류와 폴리페놀류, 클로로필류의 성분이 피부 미용에 좋다.
노화	녹차	타닌이 노화의 원인인 활성 산소의 작용을 억제한다.
고열	백차	양성으로서 체온을 내린다. 이뇨 작용이나 해열 작용이 높아 중의학에서는 약재로도 쓰인다.
면역력 저하	백차, 홍차	비타민류와 폴리페놀류의 효용으로 면역력을 증강한다.
충치	녹차	불소(F)를 함유하고 있어 충치를 예방한다.
독감	녹차, 백차	비타민과 타닌이 면역력을 높인다. 효능을 보일 때까지 약 2시간이 소요되어 외출하는 시간에 맞춰 마시면 효과적이다.
구취	녹차, 백차	타닌과 비타민이 구취의 성분을 제거한다.
멍함	청차	카페인과 향(아로마)의 효용으로 머리를 맑힌다.
긴장·강박	백차, 홍차, 꽃차	테아닌(아미노산 성분)과 에센셜 오일 성분, 그리고 꽃자에서 풍기는 재스민 향은 긴장을 완화한다.

중국차 마실 때 유의점

중국차는 몸 상태에 따라 마시는 데 유의해야 한다. 다양한 효능이 있는 차라도 몸 상태에 맞지 않으면 부작용이 있기 때문이다. 이런 몸 상태일 경우에는 마시는 것을 삼가야 한다.

몸의 상태	삼가는 차	차의 성분 및 유의점
고열	× 홍차	홍차는 찻잎을 완전히 산화하여 만들므로 온성에 속한다. 따라서 마시면 체온을 높인다. 고열일 때는 해열 작용이 있는 백차가 좋다.
졸음	× 녹차, 청차	녹차, 청차에는 카페인 성분이 있어 각성 효과가 있다. 졸음을 쫓지만 수면 장애를 일으키는 경우도 있으므로 잠자리 전에는 마시지 않는 것이 좋다.
공복(허기)	× 흑차	흑차는 지방 분해 효과가 높다. 공복이나 허기가 있을 때 다량으로 마시면 위장에 부담을 준다. 식전에는 마시지 않는 것이 좋다.
생리	× 녹차, (청차), 황차, 백차, 푸얼성차普洱生茶보이생차	나열된 차들은 산화도가 낮은 양성의 차이다. 몸을 차게 하므로 생리 중에는 삼가는 것이 좋다. 그러나 청차 중에서도 온성인 차와 흑차 중에서도 숙차이면 마셔도 좋다.
감기약 복용	× 모든 차	타닌이 철분의 흡수를 방해하거나 테아닌이 약의 한 성분인 카페인의 효능을 방해하는 것으로 알려져 있다. 최근 연구에 따르면 큰 문제는 없지만, 약은 물과 함께 복용하는 것이 가장 좋으므로 가급적이면 차를 삼가는 것이 좋다.
갈증	× 흑차(생)	몸을 따뜻이 하는 숙차와는 달리 생차는 몸을 차게 하므로 많이 마시면 몸이 차가워진다. 따라서 다량으로 마시지 않는 것이 좋다. 특히 여성의 경우에는 주의가 요구된다.
냉증	× 녹차, 푸얼성차普洱生茶보이생차	녹차는 양성으로서 몸을 차게 한다. 여름에는 무관하지만 겨울에는 마시는 것을 삼가는 것이 좋다.
빈혈	× 진한 차, 홍차	차에 함유된 타닌은 철 이온과 결합하는 성질이 있다. 따라서 차를 마시면 소화기관의 철분 흡수를 방해한다. 빈혈이 있다면 식후에 마시는 것을 삼가는 것이 좋다.

중국에서는 아주 오래전부터 생활과 건강을 차와 떼놓고 생각할 수 없는 문화가 형성되었다. 특히 베이징에 거주하는 사람들은 노화 방지를 위해 공원에서 주로 운동을 하고, 활성산소의 작용을 억제하는 녹차와 그 녹차를 베이스 잎으로 만든 재스민차를 제일 많이 마신다.

the fundamentals of Chinese tea

중국차의 기초

드넓은 대지와 유유한 역사를 자랑하는 중국의 차. 그러한 만큼이나 '중국차'는 생산지도 넓고 가공법도 다양하여 수많은 종류들이 존재한다. 지금 이 순간에도 끊임없이 새로운 차들이 쏟아져 나와 차의 종류는 나날이 다양해지고 있다.

이 장에서는 녹차, 홍차 등 각 종류별 차 중에서도 현재 유통되고 있는 대표적인 차나 귀한 고급차 등을 사진과 함께 자세히 소개한다.

중국차의 역사

중국의 전설에 따르면 기원전 2700년경에 염제炎帝, 신농神農이라는 의술과 농업의 신이 나타났다. 신석기 시대이다.

문헌에 의하면 '백성들은 식물을 캐먹고, 물을 마시며, 열매를 따 먹고, 조개를 채취하며' 생활하고 있었다. 백성들은 어떤 것에 독이 들어 있는지도 모르고 먹어 자주 병에 걸렸다. 이를 딱히 여긴 신농은 백성들을 위하여 자신이 직접 다양한 식물을 먹어 보았다. 그리하여 독성 유무를 구분하여 백성들에게 알려 주었다. 정작 신농 자신은 하루에 몇 번이나 중독되었는지 모른다. 그러던 어느 날 우연히 신농은 뜨거운 물에 차나무의 잎이 떨어진 것을 마셨고 해독이 되자, 그 효능을 백성들에게 널리 알렸다. 이것이 차의 기원이다.

이후 3500년쯤 지난 당나라 현종 황제의 시대에 이르러서 차의 문화는 눈부시게 발전한다. 후세에 '다성茶聖'으로 칭송을 받는 육우(陸羽, 733~804)가 등장하여 차에 대한 최초의 전문서인『다경茶經』을 집필하는 등 문화적으로 큰 발전을 이루었다. 또 이 시대에는 차가 위로는 귀족에서부터 아래로는 서민에 이르기까지 계층을 가로질러 보급되었다. 나아가 동으로는 위구르에서부터 서로는 티베트에 이르기까지 소수민족에게도 폭넓게 전파되었다.

당대唐代에는 차를 압축하여 떡 형태로 만든 빙차餠茶병차를 약한 불에 덖은 후, 맷돌로 갈아 체로 치고 물에 넣어 함께 끓이는 방식으로 차를 우려 마셨다. 이 방식을 '전차煎茶'라 한다. 또『다경』에는 '파나 생강이나 소금 등을 차와 함께 끓여 마시기도 했다'는 기록이 있다. 송대末代에는 차가 보다 대중화되어 많은 서민들에게까지 보급되었다. 병차의 전차 방식 외에 찌거나 압축하지 않은 '산차散茶' 방식과 '점차点茶' 방식도 생겼다. 점차는 송대에 차를 끓이는 대표적인 방식이다. 당대의 전차와는 달리 물을 끓인 후 여기에 차를 넣어 우려내는 방식이다. '차선茶筅'이 처음으로 등장한 것도 이 시대이다. 차선은 차를 끓일 때 찻잎이나 가루차를 젓는 데 쓰는 다기이다. 또 황제나 황족 등에게 헌상하는 '룽퇀안펑펑龍團鳳餠용단봉병'도 등장한다. 순금의 용이나 봉황의 인이 찍힌 연고차研膏茶 형태다. 연고차는 딱딱하게 굳혀 만든 형태의 차이다.

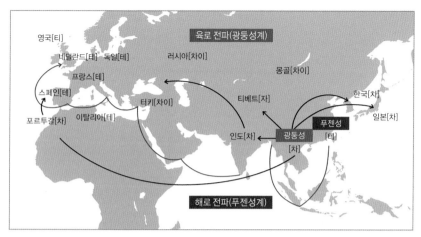

중국에서 차를 수출하기 시작한 1600년경에는 무역의 거점이 몇 군데 없었다. 그중 주요 수출 항구였던 푸젠성福建省 샤먼廈門 지역에서는 '차茶'를 [테, te]에 가깝게 발음했다. 이 발음이 차와 함께 해로를 따라 유럽으로 전해졌다. 또 육로 수출의 거점이었던 광둥성廣東省에서는 [차, cha]로 읽는 발음이 차와 함께 당시의 조선, 몽골, 일본, 인도, 중동 각국으로 전해졌다. 다만 유럽 중에서도 포르투갈만은 당시 마카오를 통하여 차를 수입해 [차, cha]라는 발음이 전해졌다.

용단은 황제, 친왕, 성주에게, 봉병은 황족, 학사, 스승에게 바치던 것이었다.

명대明代에는 용단의 제조가 백성들을 지나치리만큼 힘들게 한다는 이유로 폐지하여 산차의 형태로만 차를 만들도록 했다. 차의 형태가 바뀜에 따라 산차에 뜨거운 물을 부어 우려내어 마시는 오늘날의 다도가 시작된 것이다.

홍차의 발상지는 중국?!

중국 홍차를 대접하면 '중국에도 홍차가 있군요'라는 말을 들을 경우가 많지만, 사실 홍차의 발상지는 중국이다.

홍차의 원형은 우이 산武夷山의 지류인 정산 산正山이 산지인 '정산샤오중正山小種정산소종'이다. 1823년에 인도에서 아삼종이 발견되어 홍차가 본격적으로 생산되기 전까지는 중국이 홍차의 유일한 생산국이었다. '홍차의 샴페인'이라는 인도 다르질링Darjeeling 홍차도 19세기말에 옮겨 심은 중국의 차나무로부터 생산된 것이다.

홍차 용어 중 'P, pekoe피코'라는 찻잎의 등급이 있다. 이는 중국어로 하얀 솜털로 뒤덮인 새싹인 '바이하오白毫백호'의 푸젠 지역 방언에서 유래했다. 또 'S, souchong소총'의 어원도 역시 중국어 '샤오중小種소종'이라는 용어의 푸젠성 방언이라 한다. 1840년에 발발한 아편 전쟁은 실은 수출 대금으로 홍차를 수입하기 위하여 인도산 아편을 중국에 팔았던 영국과 이를 막으려는 중국 간의 '홍차 전쟁'이었다. 이후 영국이 자국의 식민지인 인도 등에서 홍차를 대규모로 생산하면서 중국 홍차는 세계에서 그 독보적인 존재감을 상실해 갔다.

중국차의 산지

베이징에서 푸얼차普洱茶보이차를 선물로 사 가려 했지만 파는 곳이 거의 없어 이상하다고 느낀 사람도 있을 것이다. 우리나라에서는 중국차 하면 무엇보다 푸얼차普洱茶보이차를 떠올리기 쉽다. 이와는 달리 뜻밖에도 중국에서 푸얼차普洱茶보이차를 일상적으로 마시는 고장은 산지인 윈난성雲南省이나 홍콩이나 타이완 등 일부 지역들뿐이다.

베이징에서는 차 하면 재스민차이다. 베이징은 차 산지의 북방 한계선 위쪽에 있어 차를 직접 재배하지 못하여 남방에서 가져와야 한다. 현재보다 물자의 유통에 시간이 오래 걸린 과거에는 남방에서 갓 만든 신차新茶도 북방의 베이징에 도착할 무렵이면 향이 다 날아가 버렸다. 이를 보충하기 위하여 재스민 꽃으로 향을 입혔다고 한다. 또 베이징은 물의 질이 안 좋아 섬세한 녹차를 우리면 맛도 안 좋아 찻잎에 재스민 꽃 향을 넣었다는 이야기도 있다. 운송 수단이 훨씬 나아진 현대에도 베이징 사람들이 가장 사랑하는 차는 바로 재스민차이다. 이로 인하여 베이징에서는 맛있는 재스민차를 손쉽게 살 수 있다.

중국에서 가장 널리 만들어지는 차는 역시 녹차이다. 중국차 생산량의 약 70%는 녹차가 차지하고 있다. 또 차 산지에서는 특색 있게 녹차를 생산하고 있어 각 산지의 녹차들은 특산품으로 많은 사랑을 받고 있다.

중국차의 산지

적색 라인 : 차나무의 북방 한계선
간쑤성에서는 남부에서만 생산되지만, 이 지도에서는 성의 경계선을 따라 표시한다.

A 강북 차구 : 양쯔강을 경계로 위쪽. 녹차와 황차의 산지.

B 강남 차구 : 양쯔강을 경계로 아래쪽. 난링 산맥보다 위쪽. 녹차, 백차, 청차, 홍차, 흑차의 산지.

C 서남 차구 : 녹차, 황차, 홍차, 흑차의 산지.

D 화남 차구 : 중국 최남단(타이완을 포함하는 경우도 있음). 녹차, 백차, 청차, 홍차, 흑차, 꽃차의 산지.

중국차의 제조 과정

차는 모두 학명 '카멜리아 시넨시스*Camellia sinensis*'라는 차나무의 잎을 가공하여 만든다. 차나무는 키가 큰 교목이나 키가 작은 관목, '다예중大葉種대엽종'이나 '샤오예중小葉種소엽종' 등으로 종류가 나뉜다. 각 종류의 잎을 알맞게 가공함으로써 차는 다른 맛이 난다.

녹차는 찻잎을 따는 채엽採葉 과정이 끝나면 바로 찌거나 덖는 식으로 가열

하는 살청殺靑 과정을 통하여 찻잎이 산화되지 않도록 한다. 이후 잘 우러나오도록 비비는 유념揉捻 과정을 거쳐 만든다.

같은 녹차라도 일본과 중국의 살청 방식은 서로 다르다. 일본에서는 찻잎을 찌는 증청蒸靑을 하지만, 중국에서는 가마솥에서 덖는 초청炒靑을 한다.

황차는 민황悶黃이라는 특수한 과정을 통하여 맛과 향에 독특한 깊이를 더한다. 민황 과정은 유념 과정을 거친 찻잎을 종이에 싸 상자에 넣고 찻잎이 미생물의 작용으로 등황색으로 변할 때까지 서서히 발효시키는 작업이다.

백차는 유념 과정 없이 '위조萎凋, 시듦' 과정 이후 자연스럽게 건조시킨 약산화차이다. 청차는 위조 과정 후 주청做靑 과정을 통해 산화의 정도를 조절한다. 이 주청 과정은 찻잎을 실내의 일정한 장소에 놓고(정치, 靜置), 찻잎을 흔들어 상처를 내는 일(요청, 搖靑)을 반복하는 작업으로서 산화를 촉진하여 독특한 향미를 낸다. 흑차는 녹차를 완성한 후, 생차의 경우 그대로 창고에서 장기적으로 숙성시키고, 숙차는 인위적인 미생물의 발효 과정인 악퇴渥堆를 통하여 단기적으로 숙성시킨다. 홍차는 찻잎을 100% 산화시켜 만든다. 꽃차는 주로 기반이 되는 차인 녹차에 재스민 꽃을 여러 번 뒤섞어 꽃 향을 배게 한다.

• 차의 가공 과정

녹차	살청	유념	홍청*(홍청 녹차)초청(초청 녹차)쇄청(쇄청 녹차)		
	증기 살청	유념	홍청	증청 녹차	
백차	위조	건조			
황차	살청	유념	민황	건조	
청차	위조	주청(정치, 요청)	살청	유념	건조
흑차	살청	유념	(악퇴)*	건조	
홍차	위조	유념	발효	건조	
꽃차	살청	유념	녹차 완성	훈화(2~8회)	

* 홍청烘靑은 불에 쬐어 말리거나 건조시키는 작업이다.
* 악퇴는 미생물 발효 과정으로 숙차를 단기간에 만드는 방법이다.

전통 방식의 우롱차 제조법

전 과정은 수작업으로서
매우 세심하게 진행된다.

❶ 손으로 찻잎을 딴다(채엽).

❷ 햇볕에 건조시킨다(위조).

❸ 찻잎을 흔들어 상처를 내며
산화시킨다(요청).

❹ 실내에 일정하게 놓고(정치),
요청 작업을 반복해 산화를
촉진한다(주청).

❺ 원하는 정도로 산화되면, 가
마솥에서 덖어 산화를 중단
시킨다(살청).

맛있다!

❻ 찻잎을 천으로 싼 상태로 압력
을 가해 모양을 만든다(성형).

❼ 숯불로 천천히 건조한다(건조).

❽ 완성. 맛을 시음해 본다.

중국차의 분류

차는 모두 차나무의 잎을 가공하여 만들지만, 중국차는 가공 방법에 따라 여섯 종류로 나뉜다.

　우리나라에서도 오설록, 설록으로 익숙한 녹차, 민황의 독특한 숙성 과정을 거치는 황차, 하얀 솜털로 뒤덮인 새싹의 백차, 찻잎 색이 가공 도중에 짙은 녹색으로 변하여 중국에서는 짙은 녹색을 뜻하는 '푸를 청(靑)'을 붙인 청차, 또 숙성 보존하여 발효시키는 흑차, 마지막으로 찻잎을 완전히 산화시켜 뜨거운 물을 부으면 잎의 색이 빨개지는 홍차로 총 여섯 종류이다.

　각각의 차는 가공 방법이 달라 우려낸 차의 맛과 색깔, 그리고 향도 제각각이다. 아래의 사진은 각 차의 대표적인 찻빛을 표현하고 있지만, 이 찻빛과 다른 것도 있다. 가공 방법의 차이는 각 차를 마시는 법의 차이로도 나타난다.

녹차

백차

황차

와인에 보졸레 누보Beaujolais Nouveau와 빈티지Vintage가 있듯이, 중국차에도 신차와 숙차가 있다. 녹차나 황차나 청차의 일부 차는 신선도를 중히 여겨 매년 신차를 고대하며 마신다.

또 흑차는 신차로 마시는 경우는 거의 없고 숙차로 즐긴다. 중국에서는 흑차는 숙성할수록 좋다고 하여 유통기한이 따로 존재하지 않는다.

백차는 신차로도 숙차로도 즐길 수 있다. 제대로 덖어 낸 청차나 완전히 산화시킨 홍차에도 숙차가 있다. 수십 년 된 우롱차나 홍차는 신차 가격의 수배에 거래되기도 한다. 이들은 보존 상태만 좋으면 유통기한이 따로 존재하지 않아 오래도록 즐길 수 있는 차로 여긴다. 이외에도 찻잎에 재스민 꽃으로 향을 가한 재스민차-중국에서는 꽃차라 하면 재스민차를 가리킨다-와 뜨거운 물속에서 아름다운 꽃이 피는 공예차, 그리고 차나무의 찻잎을 사용하지 않은, '차 아닌 차류茶類'까지 총 9개의 분류에 대하여 소개한다.

청차

흑차

홍차

녹차

緑茶 뤼차 [Lǜ chá]

차의 소개

녹차는 산화시키지 않은 '비非산화차'로서 싱그러운 맛이 특징이다. 중국에서 녹차는 유통기한이 다른 차보다 대체로 짧아, 찻집에서는 신선한 상태로 팔기 위하여 세심하게 보관한다.

이 녹차에 뜨거운 물을 부으면, 마치 갓 따 낸 듯 찻잎이 물속에서 싱싱하게 되살아난다. 이때 풍기는 싱그러운 향은 예로부터 많은 문인들을 매료시켰다. 중국 녹차는 수분이 많아 신차를 사면 곧바로 신선도를 유지할 수 있는 곳에 보관하는 것이 좋다.

효능

녹차는 미용이나 노화 방지, 식중독 예방이나 구취 제거, 면역력 향상 등 수많은 효능들이 확인되고 있다. 녹차는 성분인 카페인의 작용으로 원기를 회복하는 효능도 있지만, 또 한편으로 중의학의 관점에서는 양성을 띠어 뜨거운 상태로 마셔도 몸을 차게 하는 차라 여긴다.

중국에서는 이 녹차를 신차 시즌인 봄에서 여름으로 이어지는 환절기에 마시는 것이 좋다고 여긴다. 가을 이후의 추운 시기에는 마시지 않는 사람도 많다. 다만 면역력을 향상하는 효능도 있어 겨울에는 독감을 예방하기 위하여 마시기도 한다. 추운 겨울 동안 영양분을 한껏 저장한, 봄 새싹이 특히 효능이 있다.

마시는 법

중국에서는 녹차를 우릴 때 일반적으로 긴 유리잔을 사용한다. 찻잎이 뜨거운 물에 뜨기 쉬운지, 가라앉기 쉬운지에 따라 찻잎과 물을 넣는 차례를 달리한다.

가라앉기 쉬운 찻잎은 '상투법上投法'으로 우린다. 상투법은 뜨거운 물을 먼저 부은 후 찻잎을 넣는 법이다. 뜨기 쉬운 찻잎은 '하투법下投法'으로 우린다. 하투법은 찻잎을 먼저 넣고 뜨거운 물을 붓는 법이다. 또 그 중간인 것은 '중투법中投法'으로 우린다. 중간까지 뜨거운 물을 붓고 찻잎을 넣은 다음, 마저 물을 붓는 법이다. 찻잎을 우리는 데는 이 세 가지의 방법이 있다.

신선하게 보존한 신차를 독감을 예방하기 위하여 마시는 경우에는 아침에 한두 잔 정도 마신다. 면역력 향상 효능은 차를 마신 지 두 시간 후에야 점차 보인다. 아침 7시경에 마시면 직장이나 공공장소로 출근하는 9시 전후로 효능이 나타난다.

시후룽징 西湖龍井 서호용정

항저우 시후 호西湖의 룽징龍井 인근에서 생산하는 초청 녹차이다. '사절四絕'이라는 유명한 특징이 있다. 즉 '선명한 초록', '부드러운 향', '싱그러운 단맛', '아름다운 모양'이다.

찻잎은 편평하고 광택이 있으며, 곧게 뻗어 날카로운 모양이다. 초록에 '현미색'—황토색이 도는 베이지색—이 감도는 것이 특징이다. 밤과 같은 독특한 향이 깊이가 있다. 양력 4월 5일경인 청명淸明 전에 딴 찻잎을 '밍첸룽징明前龍井명전용정'이라 하며, 초봄에 딴 찻잎을 최상품으로 여긴다.

룽징龍井, 시펑獅峰, 윈치雲栖, 후파오虎跑, 메이자우梅家塢가 룽징차龍井茶용정차의 5대 산지이다.

산지 : 저장성 항저우시(浙江省 杭州市).

다포(신창)룽징 大佛(新昌)龍井 대불(신창)용정

저장성 사오싱시紹興市 신창현新昌縣에서 생산하는 초청 녹차이다. 신창현은 대불상이 있는 곳으로 유명하기에 이 차를 '다포룽징大佛龍井대불용정'이라고도 한다.

신창현은 룽징차龍井茶용정차를 생산하는 곳 중 비교적 새로운 산지이다. 화학 비료나 농약의 사용을 금지하고 유기농 차로 생산하고 있어 식품의 안전성에 관심이 드높아지는 중국에서는 최근 크게 부각하고 있다. 찻잎은 시후룽징西湖龍井서호용정과 비교하면 동그란 것이 특징이다. 시후룽징西湖龍井서호용정이 가진 밤나무의 향인 '반리샹板栗香판율향'을 느끼기는 어렵지만, '더우샹豆香두향'이라는 콩 특유의 산뜻한 향이 입안에 퍼진다.

산지 : 저장성 사오싱시 신창현(浙江省 紹興市 新昌縣).

안지바이차 安吉白茶 안길백차

저장성 안지현에서 생산하는 초청 녹차이다. 찻잎은 '일아이엽一芽二葉'으로 잎을 따 가늘고 길쭉한 모양으로 말아 만든다.

찻잎이 하얀 빛깔인 품종의 '바이예중白葉種백엽종'으로 만들어 '바이차白茶백차'라는 이름이 붙었지만, 가공 방법으로 보면 녹차이다. 찻잎이 하얀 빛을 띠는 기간은 봄에 한 달 정도밖에 안 되어 딴 잎의 양이 적고 귀한 차이다. 아미노산의 함유량이 많아 단맛을 강하게 느낄 수 있다. 우릴 때 유리잔을 통하여 보이는 찻잎의 모양새가 너무도 수려하여 '모양은 봉황의 날개와 같고, 색은 구슬과 같다一形如鳳羽 色如玉霜'고 칭한다. 보아도 마셔도 그 모양과 맛이 좋아 나날이 인기가 올라가고 있다.

산지 : 저장성 안지현(浙江省 安吉縣).

바이차룽징 白茶龍井 백차용정

저장성 안지현에서 생산하는 초청 녹차이다. 간략히 '바이룽白龍백룡'이라고도 한다.

안지바이차安吉白茶안길백차의 원료인 백엽종 찻잎을 룽징차龍井茶용정차의 모양새와 비슷하게 만든 녹차이다. 백엽종으로 만들어 룽징차龍井茶용정차보다 밝은 초록빛기를 띠는 것이 특징이다. 찻잎은 안지바이차安吉白茶안길백차와 같아 맛이 동일하다. 또 아미노산도 많이 함유하고 있어 단맛을 강하게 느낄 수 있다. 좋은 품질의 백엽종 찻잎을 사용하여 만들어 생산량도 많지 않고 등급도 높다. 룽징차龍井茶용정차보다 찻잎의 색이 선명하고 맛도 뚜렷하여 차를 파는 시즌 중 다 팔리는 가게도 있을 만큼 인기가 높다.

산지 : 저장성 안지현(浙江省 安吉縣).

우뉴짜오 烏牛早 오우조

찻잎의 모양은 편평하여 룽징차龍井茶용정차와 비슷하지만, 빛깔은 룽징차龍井茶용정차보다 밝고 선명한 초록이다. 룽징차龍井茶용정차와 같은 깊은 맛은 없지만 향기로운 단맛이 나는 차이다.

300년 정도의 역사를 자랑하지만 한동안 명맥이 끊겼다가 1985년에 재현되었다. 중국의 차 중에서도 특히나 잎을 따는 시기가 일러 2월에서 3월 상순이면 채엽이 가능하다.

룽징차龍井茶용정차보다도 한 달 정도 일찍 출시된다. 봄의 신차를 기다리다 마음이 달은 사람들에게 특히나 인기가 많아 해마다 가격이 오르고 있다.

산지 : 저장성 융자현 우뉴진(浙江省 永嘉縣 烏牛鎭).

징산차 徑山茶 경산차

저장성 위항현 톈무 산天目山 동북봉의 사찰인 징산사徑山寺에서 유래한 초청 녹차이다. 차나무가 사찰에 심긴 시기는 당대이다.

송대에는 일본에서 수많은 수행승들이 징산사로 유학을 했다. 그 유학생들이 불교와 함께 차나무의 종자와 다기 등 연회의 문화를 일본으로 전파해 오늘날 일본 다도의 원형을 이루었다고 한다. 징산차가 '일본차'의 기원이었던 것이다.

한동안 생산이 중단되었지만 1978년에 재현되었다. 양력으로 4월 20일경인 곡우穀雨 전에 일아일엽, 또는 '일아이엽一芽二葉'으로 잎을 딴다. 화려한 향기와 단맛이 난다.

산지 : 저장성 위항구(浙江省 余杭區).

둥팅비뤄춘 洞庭碧螺春 동정벽라춘

장쑤성 둥팅 산洞庭山 반도에서 생산하는 초청 녹차이다. 이 지역은 과일의 산지로도 유명하다. 과수와 차나무를 번갈아 심어 재배하고 있어 차에서는 '화궈샹花果香화과향'이라는 화사한 향이 풍긴다.

춘분에서 곡우 사이에 일아일엽으로 찻잎을 딴다. 찻잎이 굉장히 잘아 고품질의 차에는 500g당 약 7만 개의 싹이 포함되어 있을 정도이다.

하얗고 가는 솜털에 싸인 동그란 모양으로 인하여 '톈뤄田螺우렁이'의 '뤄螺'를 따서 '비뤄춘碧螺春벽라춘'이라 한다. 또 '벌의 다리'에 비유하기도 한다.

산지 : 장쑤성 우셴시 둥산진, 시산진(江蘇省 吳縣市 東山鎭, 西山鎭)

황산마오펑 黃山毛峰 황산모봉

세계 문화유산인 황산 산黃山에서 생산하는 홍청 녹차이다. 청대淸代에는 중국을 대표하는 '밍차茗茶명차'였다. 밍차茗茶명차는 늦은 시기의 노엽老葉으로 만든 차를 이르는 용어이다.

등급이 높은 찻잎은 청명 전후에 '췌서雀舌작설'라 하여 일아일엽으로 딴다. 새 봄에 나오는 최초의 새싹을 중국어로 '위예魚葉어엽'라 한다.

황산마오펑黃山毛峰황산모봉은 찻잎을 고온으로 덖으면 빛이 샛노랗게 변하여 '위예황진魚葉黃金어엽황금'이나 '황진펜黃金片황금편'이라 한다.

유념 후 대바구니 속에서 숯불로 구워내듯이 건조시켜 은은히 훈연향이 난다.

산지 : 안후이성 황산시(安徽省 黃山市).

타이핑허우쿠이 太平猴魁 태평후괴

세계 문화유산이면서 자연유산인 황산 산에서 생산하는 홍청 녹차이다. '스다예중柿大葉種시대엽종'이라는 품종의 찻잎을 이용하여 만든다.

일아이엽이나 일아삼엽으로 만들어 완성된 찻잎 하나의 크기는 무려 8센티미터나 될 정도이다. 품질 좋은 찻잎에는 '훙씨셴紅絲線홍사선'이라는 붉은 선이 드러나 있다.

유리잔에 이것을 넣고 뜨거운 물을 부으면 선명한 초록빛기의 큰 찻잎이 아름답게 펼쳐진다. 다른 차에서는 결코 볼 수 없는 독특한 광경이다. 개성적인 외관과는 달리 품위 있는 난초의 꽃에 비견될 정도로 화려한 향과 풍부한 맛을 간직하고 있다.

손으로 직접 가공한 찻잎(사진 위)은 표면에 요철이 있고, 빛깔도 짙고 선명하다. 반면 기계로 가공한 찻잎(사진 아래)은 표면이 편평하게 얇게 펴져 있으며, 빛깔은 비교적 선명한 편이다.

손으로 직접 가공한 타이핑허우쿠이太平猴魁태평후괴는 기계로 가공한 것보다 맛이나 모양이 월등히 훌륭하지만 생산량이 적어 굉장히 귀하다.

산지 : 안후이성 황산시 룽먼현(安徽省 黃山市 龍門縣).

루안과펜 六安瓜片 육안과편

홍청 녹차. 당대에 '뤼저우루안차廬州六安茶여주육안차'라는 이름으로 등장하여 명대에는 지금의 이름인 '루안과펜六安瓜片육안과편'이 붙었다.

청대에는 황제를 위한 헌상차에 오른 유서 깊은 밍차茗茶명차이다. 찻잎의 모양이 해바라기 씨앗인 '과쯔瓜子과자'와 닮았다 하여 이러한 이름이 붙었다.

찻잎이 안쪽으로 둥글게 말린 편평형 차이다. 곡우 전후에 찻잎을 한 장씩 따 싹이나 줄기를 포함하지 않은 형태로 만들어 '단엽單葉' 형태의 유일한 차이다. 찻잎의 빛깔은 짙은 초록빛이다. 미지근한 물로 우려도 맛있는 차이다.

손으로 가공한 찻잎(사진 위)은 표면에 요철이 있다. 짙은 초록빛기의 찻잎에 '솽霜상'이라는 하얗고 가는 선이 보인다. 기계로 가공한 찻잎(사진 아래)은 손으로 가공한 찻잎에 비하여 초록이 연하고 세로로 길게 말린 모양이다. 현재 유통되고 있는 이 찻잎의 대부분은 기계로 가공한 차이다.

산지 : 안후이성 루안시(安徽省 六安市).

딩구다팡 頂谷大方 정곡대방

일아이엽 또는 일아삼엽으로 따고 편평형으로 생산하는 초청 녹차이다. 명대에 탄생한 유서 깊은 차이다. 룽징차龍井茶용정차로 대표되는 편평형의 시초로 여기며, 품질이 좋은 것은 '라오룽징老龍井노용정'이라 한다. 청대에는 황제에게 올리는 헌상차가 될 정도였으며, 현재 생산되고 있는 것은 1980년대 초에 재현한 것이다.

일반 품질의 찻잎은 '라오주다팡老竹大方노죽대방'이라 한다. 중국차의 역사서 속에서는 체중을 줄이고 빼는 '감비減肥의 왕'이라 기록되어 있어 감비차(다이어트 차)로도 유명하다.

산지 : 안후이성 서현(安徽省 歙縣).

신양마오젠 信陽毛尖 신양모첨

신양현信陽縣과 뤄산현羅山縣의 해발 300~800미터 안개 짙은 지역에서 생산하는 홍청 녹차이다.

당대의 기록에 따르면 신양현은 찻잎을 늦게 따 노엽으로 만드는 밍차茗茶명차의 산지로 알려져 있었다. 청대에도 신양마오젠信陽毛尖신양모첨은 전국적인 밍차茗茶명차 중 하나였다.

모양은 가늘고, 곡우 전후에 일아일엽, 일아이엽으로 찻잎을 따 만든다. 품질이 좋은 것은 '바이하오白毫백호(이하 백호라 한다)'라 불리는 솜털에 둘러싸인 새싹을 많이 포함하고 있다. '마오젠毛尖모첨'은 백호에 둘러싸인 새싹으로 만든 녹차를 이르는 용어이다. 선명한 빛깔의 최상품은 그 맛이 부드럽기로 유명하여 허난성을 대표하는 녹차이다.

산지 : 허난성 신양현(河南省 信陽縣).

멍딩간루 蒙頂甘露 몽정감로

밍차茗茶명차를 많이 생산하기로 유명한 쓰촨성 멍산 산蒙山의 초청 녹차. 멍산 산의 차는 서한 시대에 '멍산 산 차의 시조'라 불리는 감로선사甘露禪師 오이진 吳理眞이 7그루의 차나무를 심었던 것이 기원이라 전해진다.

중국차 중에서도 가장 오랜 역사를 간직한 밍차茗茶명차이다. 초봄에 일아일엽으로 찻잎을 따고, 솜털에 둘러싸인 동그란 모양의 권곡형卷曲形 찻잎이 특징이다. 고대로부터 밍차茗茶명차라 불리었던 만큼 그 그윽한 향과 단맛을 맛볼 수 있다.

산지 : 쓰촨성 야안시(四川省 雅安市).

주예칭 竹葉靑 죽엽청

어메이 산峨眉山에서 생산하는 초청 녹차이다. 쓰촨성에서 가장 대중적인 차이다.

1964년 당시 국무원 부총리였던 전구陳毅가 어메이 산을 시찰하면서 사찰인 완녠사萬年寺에 들러 이 차를 마시고 감동을 받았다. 이름을 물어 보자 마침 정해진 이름이 없었기에 파릇파릇한 댓잎 같은 모양에 착안하여 '주예칭竹葉靑죽엽청'이라 이름을 붙였다고 한다.

찻잎은 반들반들하고 편평한 모양으로 개성적이고, 맛은 강렬하다. 찻잎을 긴 유리잔에 넣고 뜨거운 물을 부으면 미치 데니무 숲처럼 찻잎이 똑바로 일어서는 모습이 이채로운 차이다.

산지 : 쓰촨성 어메이산시(四川省 峨眉山市).

두원마오젠 都匀毛尖 도균모첨

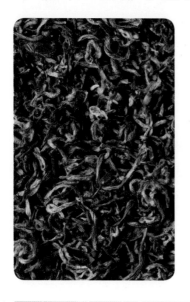

'위거우차魚鉤茶어구차'라는 별칭이 있는 초청 녹차이다. 명대의 문헌에 등장하여 1968년에 재현, 생산이 이루어졌다.

청명에서 곡우 사이에 찻잎을 따고, 2센티미터 이하의 찻잎만을 사용하여 차로 만든다. 일아일엽의 췌서雀舌작설 형태로 백호에 둘러싸인 찻잎은 비뤄춘碧螺春벽라춘과 비슷한 꼬불꼬불한 모양이다. 맛은 상쾌하면서도 부드럽다.

찻잎은 노랑기의 초록, 찻빛은 투명하면서도 노르스름한 초록, 우린 찻잎은 노랑이 두드러지는 초록으로 '산뤼산황三綠三黃삼녹삼황'이라는 독특한 특징이 있다.

산지 : 구이저우성 두윈시(貴州省 都匀市).

라오산뤼차 崂山綠茶 노산녹차

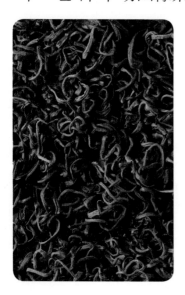

칭다오시青島市의 라오산 산崂山 일대에서 생산하는 초청 녹차이다. 이 지역은 중국차 산지의 북방 한계이다. 1959년에 남방의 품종을 북쪽으로 옮겨 심는 '난차베이인南茶北引남차북인' 사업에 성공하였다.

품종을 개량한 결과 품질도 좋은 '라오산뤼차崂山綠茶노산녹차'가 탄생한 것이다. 생산량이 늘고 인기가 높아진 것은 1990년대 후반에 이르러서이다. 일아일엽, 일아이엽의 형태로 봄, 여름, 가을에 세 번 잎을 따 만든다.

찻잎은 두껍고, 권곡형(사진)과 편평형이 있다. 완두콩과 같은 싱그러운 향과 강렬한 맛이 난다.

산지 : 산둥성 칭다오시(山東省 青島市).

윈난취밍 雲南曲茗 운남곡명

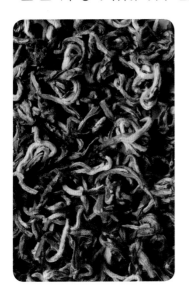

윈난성의 란창 강瀾滄江 상류 지역 산지의 대엽종 찻잎으로 만드는 홍청 녹차이다. 일아이엽, 일아삼엽의 부드러운 찻잎을 포개어 만든다.

찻잎이 동그랗게 휘말려 있어 '취밍曲茗곡명'이라는 이름이 붙었다. 감귤류의 상큼한 향이 나는, 윈난성의 홍차 '덴훙滇紅전홍'처럼 과일 맛이 나는 것이 특징이다.

산지 : 윈난성 시솽반나차구(雲南省 西双版納茶區) 등.

푸시차 富硒茶 부서차

중국어로 '서硒'는 '셀레늄selenium'이란 뜻이다. 셀레늄이 풍부한 토양에서 자란 차나무의 잎으로 차를 만들어 셀레늄의 함유량이 매우 높은 것이 특징이다. 셀레늄은 천연의 항산화제로서뿐 아니라, 인슐린과 같은 작용이 있어 당뇨병에도 효능이 있는 것으로 알려져 있다.

여러 지역에서 생산하고 있지만 특히 '중국서도中國硒都'라는 후베이성 언스현恩施縣의 차가 유명하다. 품질이 좋은 것은 상쾌한 향과 맛이 나며, 다른 나라에서는 '셀레늄 차'라 소개되는 경우도 있다.

신지 : 후베이성 언스현, 산시성 안캉현, 구이저우성 카이양현(湖北省 恩施縣, 陝西城 安康縣, 貴州省 開陽縣) 등.

언스위루 恩施玉露 은시옥로

후베이성 언스현의 우펑 산五峰山 일대 해발 520~
595미터 산지에서 생산하는 녹차이다.

현재 중국에서는 보기 드문 증청 녹차 제법으로 만
들어진다. 처음 만들어지기 시작한 지는 청대이다.
일아일엽, 일아이엽의 찻잎으로 원래 가늘고 길쭉한
모양으로 생산되었다(사진 위).

최근에는 이 성형 과정을 거치지 않고, 대신 자연스
러운 모양으로도 생산한다(사진 아래).

찻잎이 백호라는 하얀 솜털로 둘러싸여 있고 색이 옥
과 같다고 하여 '위뤼玉綠옥록'라는 이름으로 불리다
가 현재의 이름으로 바뀌었다.

후베이성을 대표하는 밍차茗茶명차로 싱그러운 향과
상쾌한 맛이 독특하다.

산지 : 후베이성 언스현(湖北省 恩施縣).

중국에서는 아주 오래전부터 녹차를
봄에서 여름으로 넘어가는 환절기나 추운 겨울이 오기 전
독감이나 감기 예방을 위해 마셔 왔다.

녹차 편

'안지바이차(안길백차)'는 백차 아닌 녹차다?!

안지바이차安吉白茶안길백차는 중국에서 '모양은 봉황의 날개와 같고 색은 옥과 같다−形如鳳 羽 色如玉霜'고 비유할 정도로 찻잎의 모양과 연초록이 아름다워 깊은 사랑을 받고 있다. 지금 은 신차가 출시되는 봄 시즌의 차 시장에서 룽징차龍井茶용정차, 비뤄춘碧螺春벽라춘과 함께 주요 차로 자리를 잡고 있다.

결론부터 말하면 안지바이차安吉白茶안길백차는 녹차이다. 신차의 시즌으로 접어들면 베이징의 차 시장에는 룽징차龍井茶용정차나 비뤄춘碧螺春벽라춘과 같은 밍차茗茶명차와 함께 안지바이차安吉白茶안길백차를 구하려는 사람들로 붐빈다. 그런데 녹차인 안지바이차安吉白茶안길백차에 '바이차白茶백차'라는 이름은 왜 붙었을까?

저장성 안지현에는 1980년경부터 '안지바이펜安吉白片안길백편'이라는 차를 생산하고 있었다. 어느 날 안지현에서 야생 '바이예중白葉種백엽종' 차나무가 발견된 것이다. 이후 이 찻잎으로 만든 차는 안지바이펜安吉白片안길백편과 구별하여 '안지바이차安吉白茶안길백차'라 이름을 붙였다. 차茶는 펜片보다도 고급차라는 이미지가 있다.

또 이 백엽종의 차나무는 기온의 변화에 발육 장애가 일어나는 돌연변이종으로 초봄 한 달간만 새싹의 색이 하얘지는 진귀한 성질이 있어 안지바이차安吉白茶안길백차는 일약 인기 차가 되었다.

이 차는 아미노산 함유량이 다른 차에 비하여 두 배 이상이나 많아 단맛도 매우 감미로운 것이 특징이다. 아미노산은 중국어로 '안지쫜氨基酸안기산'인데, 발음이 '안지安吉안길'와 같아 '안지쫜이 많은 안지바이차安吉白茶안길백차'라는 문구가 건강에 관심이 상승한 중국 소비자들의 마음을 크게 사로잡았다.

또 뜨거운 물을 부으면 일아이엽의 찻잎이 마치 한 떨기의 난초꽃처럼 예쁘게 펴지면서 피는데, 봉황이 펼치는 날개와도 같으니라고 읊을 만큼 그 아름다운 모습에 중국인들은 넋을 잃을 정도로 매료되었다.

바이차룽징(백차용정) – 헷갈리는 세 녹차

신차 시즌에 베이징의 차 시장에 가면 '바이차룽징白茶龍井백차용정 출시', '바이룽白龍백룽 출시'라는 팻말을 볼 수 있다.

'룽징차龍井茶용정차는 녹차인데?' 하고 순간 헷갈릴 수도 있다. 사실 이 것은 안지바이차安吉白茶안길백차의 찻잎을 룽징차龍井茶용정차의 찻잎 모 양으로 성형하여 만든 차이다. 안지바이차安吉白茶안길백차의 맛에, 룽징차 龍井茶용정차의 모양을 입힌 찻잎이라는 뜻에서 바이차룽징白茶龍井백차용 정이다.

여기서 등장하는 세 녹차를 정리해 본다. 먼저 룽징차龍井茶용정차는 저 장성에서 생산하는 녹차이다. 가마솥에서 살청할 때 큰 냄비에 찻잎을 놓 고 손으로 대고 문질러 만들어 찻잎의 모양이 편평하다. 찻잎의 빛깔은 초 록에 황토의 빛기가 돈다.

안지바이차安吉白茶안길백차도 마찬가지로 저장성의 녹차이다. 백엽종 의 찻잎으로 만들며, 하얀 솜털인 백호가 많은 새싹을 사용하여 하얘 보 이는 것이 특징이다. 기다랗게 만들어져 뜨거운 물을 부으면 위를 향해 찻잎이 오르는 아름다운 차이다. 이 광경은 58페이지의 사진에 잘 나타나 있다.

바이차룽징白茶龍井백차용정은 이 안지바이차安吉白茶안길백차 가운데서 도 등급이 높은 것을 더욱 고가로 팔기 위하여 만든 새로운 차이다.

안지바이차安吉白茶안길백차는 외관이 아름답기로 유명하고 마시기도 좋아 인기를 끌고 있지만 중국 십대 명차로 손꼽히는 룽징차龍井茶용정차 만큼은 유명세가 덜하여 중국에서도 아직은 모르는 사람이 많다. 이리하 여 안지바이차安吉白茶안길백차의 모양을 유명한 룽징차龍井茶용정차와도

안지바이차安吉白茶안길백차

같도록 하면 더 고급스럽게 보이지는 않을까 하는 생각으로 만든 것이 바로 바이차룽징白茶龍井백차용정이다.

　바이차룽징白茶龍井백차용정은 룽징차龍井茶용정차와 모양은 같아도 하얀 찻잎으로 만들어 빛깔이 더 선명한 초록이다. 차를 잘 모르는 사람에게는 황토빛기가 희미하게 번들거리는 시후룽징西湖龍井서호용정보다 초록도 선명한 바이차룽징白茶龍井백차용정이 더 고급스럽게 보인다.

　중국에서는 차가 선물용품이어서 고급스러움은 매우 중요한 요소이다. 이로 인하여 바이차룽징白茶龍井백차용정은 인기가 날로 높아져 신차 시즌 중에 이미 다 팔려 동이 나는 경우도 많다.

바이차룽징白茶龍井백차용정

시후룽징西湖龍井서호용정

백차

白茶 바이차[Bái chá]

차의 소개

자연 산화 과정으로 만들어 '자연 산화차'이다. 중국차의 여섯 분류, '육대차六大茶' 중에서 가장 간단히 만들어진다. 차를 비비는 유념 과정이 없어 싹에는 솜털이 많이 남아 있고, 찻잎의 모양은 자연스러운 것이 특징이다.

'바이무단白牡丹백모란'은 '하얀 홍차'라는 별칭이 있는데, 홍차와 같은 싱그러운 맛이 있어 생과자와 비스킷에도 잘 어울린다. 또 상온에서도 숙성시킬 수 있어 장기적으로도 보존이 가능하다.

효능

중의학의 관점에서는 백차를 찬 성질인 양성의 차로 분류한다. 녹차같이 뜨거운 상태로 마셔도 몸을 차게 하는 것으로 여기어 더운 계절에 마시면 효능을 볼 수 있다고 한다.

이뇨 작용이나 해열 효능이 높아 약재로도 사용되고 있다. 중국에서는 홍역을 앓는 어린아이의 해열에는 항생제를 복용하기보다는 백차를 마시는 편이 더 낫다고 한다.

마시는 법

'바이하오인전白毫銀針백호은침'은 마시면서 그 아름다운 싹을 감상하기 위하여 투명한 유리잔을 사용한다.

바이무단白牡丹백모란이나 '서우메이壽眉수미'는 일반적으로 뚜껑이 있는 찻잔인 '가이완蓋碗개완'(이하 개완이라 한다)으로 마신다. 여름에는 서우메이壽眉수미를 냄비 등으로 대량으로 우려낸 다음에 냉장고 넣어 차게 해 마시면 '열중증熱中症'을 예방할 수 있다.

또 처음 우리는 것은 단지 딱딱한 찻잎을 부드럽도록 하고, 앞으로 마실 차를 더 맛있고 향기를 내기 위한 것으로 버리는 경우가 많다. 이를 '윤차潤茶'라 한다. 윤차는 위생 청결을 위하여 찻잎을 씻는 '세차洗茶'와 동작은 같지만 목적이 다르다. 백차는 찻잎을 비비는 유념 과정이 없이 찻잎을 우리는 데 시간이 걸려 윤차를 하는 것이 좋다. 우려내는 시간은 바이하오인전白毫銀針백호은침은 약 5분, 바이무단白牡丹백모란이나 서우메이壽眉수미의 경우 약 1분이다. 차를 우리는 동안에는 찻잎이 열기에 익지 않도록 다기의 뚜껑을 열어 놓는다.

바이하오인전 白毫銀針 백호은침

하얀 솜털인 백호로 둘러싸인, 바늘같이 뾰족한 새 싹만 골라 만든 섬세한 차이다.

푸젠성 푸딩시福鼎市에서 생산되는 것은 '베이루인전北路銀針북로은침'이라고 하며, 그 역사는 청대로까지 올라간다. 타이무산太姥山에서는 '푸딩다바이하오福鼎大白豪복정대백호'라고도 하는 '푸딩다바이차福鼎大白茶복정대백차'가 생산되고 있다.

또 정허현政和縣에서는 '난루인전南路銀針남로은침'이라는 '정허다바이차政和大白茶정화대백차'가 1889년부터 생산되었다. 낮은 온도의 물로 천천히 우리면 섬세하고도 독특한 향을 즐길 수 있다. 유념 과정을 거치지 않아 솜털이 붙어 있는 온전한 모양의 아름다운 싹을 유리잔을 사용하여 마시면서 감상할 수 있다.

산지 : 푸젠성 푸딩시, 정허현(福建省 福鼎市, 政和縣).

바이무단 白牡丹 백모란

초록의 찻잎에 둘러싸인 하얀 싹을 갓 개화한 모란에 비유하여 그 이름을 붙였다. 정허다바이차政和大白茶정화대백차, 푸딩다바이차福鼎大白茶복정대백차, '수이센바이차水仙白茶수선백차'의 세 종류 찻잎을 사용하여 만들어 '산바이三白삼백'이라고도 한다. 새싹과 이엽까지 솜털로 싸인 부드러운 찻잎만을 사용한다.

바이무단白牡丹백모란은 처음에는 푸젠성 젠양시建陽市에서 만들었지만, 1922년 이후로 정허현에서 생산되면서 정허현이 바이무단白牧丹백모란의 주산지로 자리를 잡았다. 유럽에서는 '하얀 홍차'라고도 한다. 홍차와 같이 향기롭고 산뜻한 맛이 특징이다.

산지 : 푸젠성 정허현, 젠양시(福建省 政和縣, 建陽市).

서우메이 壽眉 수미

푸딩다바이차福鼎大白茶복정대백차나 정허다바이차政和大白茶정화대백차의 '다바이차大白茶대백차'와 기존의 '샤오바이차小白茶소백차'의 세 종류 찻잎이 만들어진다. 백차 전체 생산량의 절반 이상을 차지한다.

바이하오인전白毫銀針백호은침을 만든 다음의 찻잎으로 만드는 경우도 있다. 일아이엽이나 일아삼엽으로 만드는 이것은 '궁메이貢眉공미'라 한다.

찻빛은 다른 백차보다 농도가 짙은 갈색이다. 몸에 불필요한 수분을 빼내는 효능이 있어 비교적 습도가 높은 홍콩이나 동남아시아에서 즐겨 마신다. 중국 남부의 많은 상점에서도 일반적으로 판매되고 있다.

산지 : 푸젠성 젠양시(福建省 建陽市).

신궁이바이차 新工藝白茶 신공예백차

1968년에 홍콩이나 마카오에서 소비자의 기호에 맞춰 만들어진 비교적 새로운 백차이다.

기존의 백차 가공 과정과 거의 비슷하게 만들지만 위조 과정 후 찻잎을 살짝 비비는 유념 과정이 있어 향이나 맛에 약간 차이가 있다.

찻잎은 푸딩다바이차福鼎大白茶복정대백차나 '푸딩다하오차福鼎大毫茶복정대호차'의 새싹과 잎을 사용하고 있다. 찻잎의 빛깔은 어두운 갈색이고, 모양은 반쯤 둥그렇게 구부러져 있으며, 찻빛은 갈색이다. 다른 백차에 비하여 홍차에 가까운 맛과 향이 나면서, 전체적으로 진한 맛을 즐길 수 있다. 현재 유럽이나 동남아시아 등으로 널리 수출되고 있다.

산지 : 푸젠성 푸딩시(福建省 福鼎市).

백차 편

'1년 차(茶), 3년 약(藥), 7년 보(寶)'

차를 마시는 데도 유행이 있다. 2010년경부터 베이징에서는 백차를 장기 숙성시켜 즐기는 '진차陳茶'가 유행하였다. 베이징에서 판매되는 바이무단白牡丹백모란이나 바이하오인전白毫銀針백호은침과 같은 백차는 원래 신차가 대부분이었다. 그러던 중 '백차는 1년이면 차茶, 3년이면 약藥, 7년이면 보물寶'이라 하여 숙성 백차가 소중하게 여겨지면서 진차도 유통되기 시작했다.

실제로 3년 이상 숙성된 서우메이壽眉수미는 해열 효능이 있는 한의약으로 사용되고 있다. 최근에

는 찻잎을 편리하게 보관하기 위하여 병차로 가공한 백차도 늘고 있다. 일반적으로 병차라 하면 푸얼차普洱茶보이차 등 흑차가 대부분이었지만, 베이징에서는 2010년경부터 백차 병차를 다루는 곳이 기하급수적으로 늘어났다. 지금은 서우메이寿眉수미, 바이무단白牡丹백모란, 바이하오인전白毫銀針백호은침, 신궁이바이차新工藝白茶신공예백차 각각의 병차가 판매되고 있다. 앞서 이야기한 것과 같이 백차는 오래될수록 가치가 올라 흑차와 같이 유행을 이루고 있다. 예를 들어 백차 중에서도 비교적 저렴한 서우메이寿眉수미의 경우, 1근斤-중국의 일반적인 무게 단위로 약 500g-에 100위안도 안 되는 저렴한 가격으로 판매되는 경우가 대부분이다. 그러나 이 차를 15년 정도 숙성시켜 진차로 만들면 가격이 1냥兩-약 50g-에 500위안, 약 50배가 된다. 백차의 신차는 신선한 맛이 나지만, 오래될수록 찻잎에서 수분이 점점 빠져나가 도톰한 느낌이 없어진다. 대신에 맛은 농축되어 깊은 맛이 난다.

신차로는 신차 나름의, 진차로는 진차 나름의 맛을 즐길 수 있는 백차는 지금까지 이 차를 마셔 본 적이 없었던 중국 사람들 사이에서 널리 퍼지고 있다.

중국에서 시판되고 있는 푸딩바이빙차福鼎白餠茶의 포장재.

황차

黃茶 황차[Huáng chá]

차의 소개

약하게 발효시킨 '경미발효차'이다. 찻잎을 건조시킨 다음에 '민황悶黃'이라는 과정을 통하여 살짝 발효하여 '후발효차'라고도 한다. 민황 과정을 거친 다음에야 비로소 녹차에는 찾아볼 수 없는 깊은 맛이 우러나온다. 생산량이 적은 귀한 종류의 차이다. 본래 원산지에서 생산되는 '준산인전君山銀針군산은침'은 중국에서도 예약을 통하여 주문하지 않으면 구하지도 못할 정도이다.

효능

가공 과정에서 생겨난 효소는 위장에 좋고 변비 치료에도 효능이 있다. 또 발효가 일어나면서 폴리페놀류가 분해되어 생기는 물질은 위장에도 좋은 것으로 알려졌다.

마시는 법

찻잎의 아름다움을 눈으로 감상하기 위하여 일반적으로 유리산을 사용한다. 200cc의 뜨거운 물(찻잎의 종류에 따라 다르지만 대략 80℃ 정도)에 찻잎은 약 3g이 적당하다.

준산인전 君山銀針 군산은침

허난성 북부 둥팅 호洞庭湖에 있는 준산君山 섬에서 자라는 차나무의 새싹만 따 만든 바늘 모양의 차이다. 뜨거운 물을 부으면 찻잎이 똑바로 서는 모습을 볼 수 있다. 이를 두고 군인은 칼이나 창이 빽빽이 세워진 모양이라 하여 '다오창린리刀槍林立도창임립'라 일컫고, 문인은 비 온 후의 죽순과 같다 하여 '위허우춘쑨雨後春筍우후춘순'으로, 예술가는 꽃이 활짝 핀 금국金菊이라 하여 '진주누팡金菊怒放금국노방'이라 읊을 정도로 사랑을 받아 온 밍차茗茶명차이다. 겉이 백호로 뒤덮인 새싹은 물속에서 기포를 머금어 이 모양을 '췌서한주雀舌含珠작설함주'라 표현하기도 한다. 당나라의 황녀 문성 공주가 티베트에 시집오면서 준산인전君山銀針군산은침을 가져왔다는 설도 있다.

산지 : 허난성 웨양시(湖南省 岳陽市).

멍딩황야 蒙頂黃芽 몽정황아

쓰촨성 서부의 야안시에 있는 멍산 산에서 만드는 차를 '멍딩차蒙頂茶몽정차'라 한다.

멍딩차는 1950년대경에는 황차인 '멍딩황야蒙頂黃芽몽정황아'가 생산의 대부분을 차지했지만, 최근에는 녹차인 멍딩간루蒙頂甘露몽정감로가 생산의 주를 이루고 있다.

멍딩황야蒙頂黃芽몽정황아는 춘분에 새싹만, 혹은 일아일엽으로 따서 만든다. 당대부터 문헌에 등장하여 명, 청대에는 황제에 바치는 헌상차가 된 유서 깊은 차이다.

찻잎은 편평하고 노란빛기가 나며, 뜨거운 물을 부으면 단 향이 확 올라온다. 찻빛은 연하지만 단맛의 깊이를 풍부히 느낄 수 있다.

산지 : 쓰촨성 야안시 멍산 산(四川省 雅安市 蒙山).

훠산황야 霍山黄芽 곽산황아

중국 동부에 위치한 안후이성 훠산현霍山縣 해발 600미터 이상의 산지에서 생산되는 황차이다.

기온이 낮은 산지에서 자라나 찻잎이 섬세하다. 곡우 3∼5일 전에 일아일엽, 또는 일아이엽으로 찻잎을 딴다.

당대 이전부터 문헌에 이름이 등장하며, 14종류의 밍차茗茶명차 중 하나였다. 명대에서 청대에 걸쳐 황제에 헌상되는 밍차茗茶명차였지만, 생산이 한동안 명맥이 끊겼다. 이후 1971년에 현재의 제조법으로 재현되었다.

위 사진의 찻잎은 전통적인 방식으로 만들어진 것으로 매우 귀하여 구하기가 어렵다. 아래 사진은 현재 시중에서 보통 판매되고 있는 훠산황야霍山黄芽곽산황아의 가장 일반적인 모습이다.

찻빛은 '황촨黃圈황권'이라는 독특한 광택으로 황록색이며, 향은 진한 밤 향이다.

산지 : 안후이성 훠산현(安徽省 霍山縣).

청차

青茶 칭차[Qing chá]

차의 소개

20~80% 정도로 산화시킨 '부분 산화차'이다. 현재는 주로 '우롱차烏龍茶오룽차'를 가리킨다. 우롱차는 생산지에 따라 네 종류로 나뉜다. 안시톄관인安溪鐵觀音안계철관음이 대표적인 '민난우롱閩南烏龍민난오룽', 우이옌차武夷岩茶무이암차가 대표적인 '민베이우롱閩北烏龍민북오룽', '평황단충鳳凰單欉봉황단총'이 대표적인 '광둥우롱廣東烏龍광둥오룽', 그리고 타이완에서 생산하는 '타이완우롱臺灣烏龍대만오룽'이다. 여기서 '민閩'은 푸젠성의 별칭이며, 민난閩南은 푸젠성의 남부를, 민베이閩北는 푸젠성의 북부를 뜻한다. 안시톄관인安溪鐵觀音안계철관음이나 타이완의 '가오산우롱차高山烏龍茶고산오룽차' 등 찻잎이 초록인 것은 산뜻한 향이 나고, '옌차岩茶암차'나 평황단충鳳凰單欉봉황단총 등 찻잎이 검은 것은 묵직한 향이 난다.

효능

청차에는 몸을 차게 하는 양성과 몸을 따뜻이 하는 온성의 두 종류가 있다. 간단히 구분하면, 안시톄관인安溪鐵觀音안계철관음과 같이 찻잎이 초록인 것은 양성, 우이옌차武夷岩茶무이암차나 평황단충鳳凰單欉봉황단총과 같이 '홍배烘焙'를 강하게 하여 찻잎이 흑색인 것은 온성이다. 홍배는 찻잎에 서서히 열을 가하여 향을 북돋는 과정이다. 양성의 차는 몸을 차게 해 여성의 경우 생리 중에는 피하는 것이 좋다. 한편 청차는 다량으로 함유되어 있는 폴리페놀류 화합물이 체지방을 분해하고 신진대사를 촉진해 다이어트에도 효능이 있는 것으로 알려져 있다. 또 카페인과 진한 향의 효능으로 머리를 맑히는 각성 효과도 있다. 다만 잠자리에 들기 전에 마시면 수면에 방해가 될 수 있어 마시는 데 유의가 필요하다.

마시는 법

청차는 이싱시宜興市 특산의 다기인 '쯔사후紫沙壺자사호'(이후 자사호)나 일반적인 개완을 사용하여 우리는 것이 좋다.

맛있게 우리는 요령은 찻잎을 듬뿍 사용하는 것이다. 다기의 반 정도로 찻잎을 넣으면 뜨거운 물을 부었을 경우 찻잎이 펼쳐지면서 다기를 가득 채운다. 우리는 시간은 종류에 따라 다르지만 45초 정도이다. 두 번째 우릴 경우에는 처음 우려낼 때와 같은 시간으로, 세 번째부터는 15초씩 우리는 시간을 늘린다. 찻잔에 따르지 않는 동안에는 찻잎이 열기에 익지 않도록 다기의 뚜껑을 열어 둔다.

안시톄관인 安溪鐵觀音 안계철관음

푸젠성 안시현 시핑향西坪鄕을 원산지로 하는 우롱차로 200여 년의 역사가 있다.

시핑西坪, 간더感德, 샹화祥華 등이 산지로 유명하다. 찻잎은 딱딱하고 동글동글한 모양이 특징이며, 봄과 가을에 만든 차가 특히 맛있다.

전통적인 제법으로 만든 것은 홍배를 거쳐 '농향형濃香型'이라 하여 중후한 맛을 내지만, 현재 유통되고 있는 대부분은 '청향형淸香型'이라 하여 화려한 향과 맛을 낸다. 타이완의 가오산우롱차高山烏龍茶고산오룽차와 향과 맛이 비슷하다. 입안에서 퍼지는 독특한 향인 '인원音韵음운'이 특징이다.

산지 : 푸젠성 안시현 시핑향(福建省 安溪縣 西坪鄕) 등.

황진구이 黃金桂 황금계

푸젠성 안시현에서 생산되며, 1860년대에 본종本種이 발견되었다. '황단黃旦황단' 품종 차나무의 잎으로 만든다.

차를 우리면 찻빛이 황금색이며, 향이 계화桂花와 같다 하여 '황진구이黃金桂황금계'라 이름이 붙었다.

'향이 하늘에까지 찌른다'는 뜻의 '터우톈샹透天香투천향'이라는 별칭이 있을 정도로 향기로운 우롱차이다. 찻잎은 안시톄관인安溪鐵觀音안계철관음과 비슷한 모양이지만, 조생종이어서 안시톄관인安溪鐵觀音안계철관음보다도 이르게 딴다.

고품질의 황진구이黃金桂황금계에는 '나이샹奶香내향'이라는, 우유와 같이 고소하고 달콤한 향이 난다.

산지 : 푸젠성 안시현 뤄옌향, 후츄향(福建省 安溪縣 羅岩鄕, 虎邱鄕) 등.

마오셰 毛蟹 모해

원산지는 푸젠성 안시현 푸메이향福美鄉이지만 현재는 안시현 내 여러 지역에서 생산하고 있다.

찻잎의 뒷면에는 솜털이 나 있어 '마오毛모'와, 차나무의 가지가 옆으로 뻗어나고 찻잎 가장자리에는 뚜렷한 톱니 모양이 있는 것이 마치 민물 게와 비슷하여 '셰蟹해'를 합성하여 '마오셰毛蟹모해'라는 독특한 이름이 붙게 되었다.

재스민 꽃의 향에도 비유되는 화려한 향과 싱그러운 맛이 특징이다. 청차 '써중色種색종'을 블렌딩할 경우에 원료로 많이 사용한다.

산지 : 푸젠성 안시현 푸메이향(福建省 安溪縣 福美鄉) 등.

바이야치란 白芽奇蘭 백아기란

푸젠성 장저우시漳州市 핑허현平和縣 일대에서 '치란중奇蘭種기란종' 품종으로 생산하는 우롱차이다.

청대에 핑허현의 어느 한 우물 주위에 하얀빛이 감도는 차나무가 있었다. 그 찻잎을 따 차를 우려냈더니 난초꽃과 같은 기이하고도 특이한 향이 난 데서 그 이름이 유래하였다. 우리면 우릴수록 난초꽃 향이 강해진다고 하며, 향이 특히나 좋기로 유명하다.

산지의 해발 고도는 800미터에 달하여 병충해가 적어 농약을 사용하지 않고 재배하여 중국 내뿐만 아니라 한국, 일본, 동남아시아에서도 인기가 높다.

산지 : 푸젠성 장저우시(福建省 漳州市).

융춘페이서우 永春沸手 영춘불수

'샹위안香櫞향연', '쉐리雪梨설리'라는 별칭이 있다. 해발 600~900미터의 고산지대에서 재배된다.

새싹의 색깔에 따라 '훙야페이서우紅芽沸手홍아불수'와 '뤼야페이서우綠芽沸手녹아불수'의 두 종류가 있다. 품질은 훙야페이서우紅芽沸手홍아불수가 뤼야페이서우綠芽沸手녹아불수보다 더 우수하다. 청대 '강희연간康熙年間, 1690년', 안시현 치후옌騎虎岩의 한 승려가 차나무를 상록 교목의 오지귤나무인 '페이서우간佛手柑불수감'에 접목하여 품종을 개량하였다. 이후 1705년에 융춘현의 시펑촌獅峰村에서 이 개량종의 잎으로 우롱차를 만들었다. 최근에는 결장염 치료나 체중 감량의 효과도 있어 건강 차로 인기를 끌고 있다. 감귤류의 상큼한 향과 함께 단맛도 느낄 수 있다.

산지: 푸젠성 융춘현(福建省 永春縣).

써중 色種 색종

1950년대에 안시현에서 만든 우롱차 중 톄관인鐵觀音 품종, 우롱 품종 이외의 마오셰毛蟹모해, '번산本山본산', '황단黃旦황단', '메이잔梅占매점', '다예우롱大葉烏龍대엽오룡', 치란奇蘭기란 등 50여 품종을 합쳐 '써중色種색종'이라 총칭하였다.

또 현재는 이 다양한 품종의 차들을 블렌딩한 것도 써중色種색종이라고도 한다. 다양한 품종이 섞여 있어 같은 써중色種색종이라도 품질에 차이가 난다.

푸젠성 남부, 즉 민난 지방의 우롱차로 만들어 '민난써중閩南色種민남색종'이라는 경우도 있다.

산지: 푸젠성 안시현(福建省 安溪縣).

번산 本山 본산

푸젠성 안시현 시핑향의 요양堯陽이 산지이며, 역사가 100년 이상이나 된 우롱차이다.

이 차는 '톄관인鐵觀音철관음의 아우'라 불릴 만큼, 톄관인鐵觀音철관음과 블렌딩한 형태로 판매되는 경우가 많다. 원래 찻잎의 크기가 작아 건조 상태의 찻잎도 톄관인鐵觀音철관음보다 크기가 작다.

향기롭고 맛이 좋지만, 내포성이 톄관인鐵觀音철관음보다는 떨어져 많이 우려내지는 못한다. 여러 번 우려 마실 용도로는 역시 톄관인鐵觀音철관음이 최고이다. 써중色種의 블렌딩 원료로도 사용된다.

산지 : 푸젠성 안시현(福建省 安溪縣).

다홍파오 大紅袍 대홍포

우이 산에서 만드는 옌차岩茶암차 중 '우이씨다밍충武夷四大名欉무이사대명총'이라 꼽히는 명차 중의 명차이다. 별칭도 '차왕茶王차왕'이다. 우이 산 톈신옌天心岩의 쥬룽커九龍窠 암벽에 있는, 수령樹齡이 400년에 가까운 4그루의 어미나무는 세 품종으로 나뉜다. 이 어미나무는 이후 자연 파종으로 6그루가 되었다. 현재 어미나무에서 찻잎을 따고 있지는 않지만 접목으로 재배한 제2, 3세대로부터는 차를 생산한다. 30%는 빨갛고, 70%는 초록이라는 '산훙치뤼三紅七綠삼홍칠녹'로 산화한 찻잎에는 '옌윈岩韵암운'이라는 독특한 향이 있으며, 맛도 입안에 오래도록 남는다. 바위 표면에 붙어 자라는 차나무의 옌차岩茶암차는 미네랄을 많이 함유하여 다양한 효능이 있다.

산지 : 푸젠성 우이 산시(福建省 武夷山市).

톄뤄한 鐵羅漢 철나한

우이씨다밍충武夷四大名欉무이사대명총 중 하나로 원산지는 후이위안옌慧苑岩의 훠옌펑火焰峰 기슭에 위치한 와이구이퉁外鬼洞이다.

가장 먼저 유명해진 옌차岩茶암차이다. 당대에부터 이름이 등장하여 송, 원대에는 황제에게 헌상차로 올렸다.

찻잎에서는 꽃같이 화려한 향이 풍겨 나고, '후이간回甘회감'(이후 회감이라 한다)이라는 입안을 감도는 독특한 맛의 여운이 오래도록 남는 것이 특징이다.

약효가 높다고 알려져 있고, 또 18세기에 유럽으로 수출되었을 당시에는 만병통치약으로 여겨 귀하게 다루었다. 현재도 생산량이 비교적 적어 고가로 거래되고 있다.

산지 : 푸젠성 우이산시(福建省 武夷山市).

수진구이 水金龜 수금귀

우이씨다밍충武夷四大名欉무이사대명총 중 하나로 원산지는 뉴란컹의 서거자이펑社葛寨峰 기슭 아래에 있는 언덕의 위쪽이다.

청대 말기에 원래 톈신옌에 있었던 '수진구이水金龜 수금귀' 품종의 차나무가 큰 비로 뉴란컹까지 흘러갔다는 전설이 있다. 이때 찻잎의 모양이 거북의 등딱지 같고, 차나무의 가지가 교차하는 모양도 거북 등딱지의 구획 무늬 같아 그렇게 이름이 붙었다고 한다. 톄관인鐵觀音철관음과 같은 단맛과 녹차와 같은 산뜻한 향을 갖춘 가벼운 맛이 난다.

산지 : 푸젠성 우이산시(福建省 武夷山市).

바이지관 白鷄冠 백계관

우이씨다밍충武夷四大名欉무이사대명총 중 하나로 후이위안옌의 훠옌펑 자락에 위치한 와이구이퉁과 우이산공사武夷山公祠의 뒷산에서 생산되고 있다.

찻잎은 흰색을 띠고 테두리는 톱니 모양이다. 구부러진 새싹이 보송보송한 솜털에 둘러싸인 모양이 닭의 벼슬과 같다고 하여 '바이지관白鷄冠백계관'이라는 이름이 붙었다.

명대에는 이 차가 풍토병을 물리쳤다는 이야기도 퍼지면서 바이지관白鷄冠백계관의 명성은 더욱더 높아졌다. 맑고 가벼운 맛이며, 회감이 오래가는 것이 특징이다. 생산량이 적어 가격이 높다.

산지 : 푸젠성 우이산시(福建省 武夷山市).

우이러우구이 武夷肉桂 무이육계

원래는 후이위안옌의 뉴란컹에 있었다고도 하고, '마터우옌馬頭岩'이 원산지라고도 한다.

1960년대 이후 점점 유명해지면서 우이 산 여러 지역으로 재배지가 확장되어 지금은 옌차岩茶암차의 주력 품종 중 하나이다.

이름의 유래는 찻잎에서 '러우구이肉桂육계' 향이 나서라는 설과, '러우구이肉桂육계'라는 용어는 옛날에 '구이화桂花계화'를 지칭했으며, 달콤한 계화 향이 나서라는 설이 있다. 달콤한 꽃의 향과 오래도록 남는 회감을 맛볼 수 있다.

산지 : 푸젠성 우이산시(福建省 武夷山市).

우이수이셴 武夷水仙 무이수선

전해지는 이야기에 따르면 원산지는 푸젠성 젠양시 수이지다 호水吉大湖의 주셴통祝仙洞이다. 그런데 그 지방에서는 '주祝'와 '수이水'의 발음이 똑같아, 이후 '수이셴水仙수선'이라고 부르게 되었다고 한다.

청대 광서연간光緖年間에 우이 산에 이식되어 현재는 우이옌차武夷岩茶우이암차 중에서도 재배 면적이 최대를 자랑하는 차가 되었다.

난초꽃과 같은 깊고 단 향과 맛이 특징이다. 우이옌차武夷岩茶무이암차는 산화하여 변색한 빨간 테두리가 초록의 잎에 뚜렷이 나타난다. 우이수이셴武夷水仙무이수선도 마찬가지로 벌겋게 변색한 산화 부분을 확인할 수 있다.

산지 : 푸젠성 우이산시(福建省 武夷山市).

라오충수이셴 老欉水仙 노총수선

'라오충수이셴老欉水仙노총수선'은 일반적으로 수령이 50년 이상인 수이셴水仙수선 품종 차나무의 찻잎으로 만든 차를 말한다.

난초꽃과 같은 매혹적인 향에 달콤하고도 고소한 우유 향이 더해지고, 오래된 나무답게 중후한 맛이 난다. 찻잎은 일반적인 소엽종 찻잎보다 두 배 정도 크고 두껍다. 라오충수이셴老欉水仙노총수선에서는 '충웨이欉味총미'라는 독특한 맛이 난다.

충웨이欉味총미는 파래, 나무, 현미의 세 종류 맛이 어우러진 맛이라 한다. 옌차岩茶암차 특유의 향인 옌원岩韻암운이 열 번 이상 우리더라도 지속된다.

산지 : 푸젠성 우이산시(福建省 武夷山市).

진쒀시 金鎖匙 금쇄시

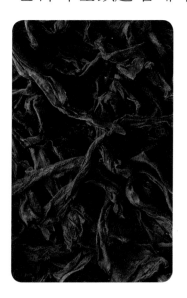

우이 산에 있는 우이궁武夷宮 부근이 원산지이며, 100년 이상의 역사가 있다.

우이 산 주취시九曲溪 연안에서 재배되기 시작하여 1980년대 이후 재배 지역이 넓게 퍼지면서 오늘의 주 재배지에 이르고 있다.

이 차나무의 이름은 거대한 두 바위 사이에 있는 차나무의 뿌리가 바위를 그물처럼 얽은 모양에서 유래하였다.

찻잎에서는 꽃같이 향기롭고, 꿀같이 달콤한 향이 진동을 한다. 세 번째 우릴 때부터 입안으로 퍼지는 단맛을 느낄 수 있다.

산지 : 푸젠성 우이산시(福建省 武夷山市).

베이더우 北斗 북두

원산지는 베이더우펑北斗峰이다. 오래된 옌차岩茶암차의 품종이며, 옌차岩茶암차 어미나무 중 하나에서 파생한 것을 최근 개량하여 다시 생산한 것이 '베이더우北斗북두 1호'이다. 야생종은 '야생 베이더우北斗북두'라 구분하고 있다.

은은한 향과 옌윈岩韻암운을 느낄 수 있는 맛은 옌차岩茶암차의 진수이다. 최근 몇 년 사이에 유명해지면서 애호가도 많아지고 있다. 이처럼 수요는 늘었지만 생산량이 적어 가격이 계속 올라가고 있다.

산지 : 푸젠성 우이산시(福建省 武夷山市).

바셴 八仙 팔선

2002년 중국 정부가 '원산지 보호 생산 제도'를 시행하면서 우이옌차武夷岩茶무이암차의 국가 표준을 정했다. 우이옌차武夷岩茶무이암차를 다훙파오大紅袍대홍포, 수이셴水仙수선, 러우구이肉桂육계, 밍충名欉명총, 치란奇蘭기란의 다섯 분류로 나누고, '바셴八仙팔선'은 밍충名欉명총 속으로 분류하였다.

근년 들어 우이 산에서는 다른 지역의 우수한 품종을 이식하여 재배하고 있으며, 푸젠성 남부의 차인 바셴八仙팔선도 그중 하나이다.

바셴八仙팔선은 옌차岩茶암차 중에서도 비교적 이른 시기에 차로 만든다. 옌윈岩韵암운을 느낄 수 있고, 계화 같은 맛과 단 향이 난다.

산지: 푸젠성 우이산시(福建省 武夷山市).

부지춘 不知春 부지춘

학명은 '우이췌서武夷雀舌무이작설'이며, 품종은 소엽종이다. 전설에 따르면 한 서생이 어느 날 밍차茗茶명차를 구하러 우이 산에 왔다. 그때는 절기가 곡우여서 옌차岩茶암차의 채엽 시즌은 이미 끝난 상태였다.

이윽고 서생이 톈유펑天遊峰 인근에 이르자 어디선가 맑고 싱그러운 향이 흘러왔다. 서생이 향을 급히 쫓아가자, 어느 한 곳에 잎이 우거진 차나무가 서 있었다. 이 모습을 본 서생이 '앗! 봄이 지났는데도 싹을 틔우다니. 봄도 모르는 차로구나' 감탄하며 이름을 '부지춘不知春부지춘'이라 지었다고 한다.

우이밍충武夷名欉무이명총의 향과 수이셴水仙수선의 중후함, 잘 익은 과일 같은 깊은 단맛이 난다.

산지: 푸젠성 우이산시(福建省 武夷山市).

진류탸오 金柳条 금유조

이름은 찻잎이 버들잎처럼 가느다랗고 기다랗다는 데서 유래하였다. 옌차嵒茶암차로서 한동안 생산이 없었지만 1990년대 재현되었다.

건조 찻잎은 윤기가 도는 검은빛이지만, 우려낸 찻잎 은 노란빛기가 감돈다. 전체적으로 산훙치뤼三紅七綠 삼홍칠녹의 대비가 선명하다. 또 건조 찻잎에서는 과 일 향을 느낄 수 있으며, 뜨거운 물을 부으면 우유 향 과 과일 같은 단맛을 맛볼 수 있다.

여덟 번 정도 우려낼 수 있고, 중후함을 느낄 수 있어 옌차嵒茶암차 특유의 맛을 즐길 수 있다.

산지 : 푸젠성 우이산시(福建省 武夷山市).

숭중단충 宋種單欉 송종단총

송대로부터 펑황 산 해발 1000미터 고지에 서식해 온 4그루의 차나무로부터 생산된 우롱차이다. 품종 은 펑황수이셴鳳凰水仙봉황수선의 자연 교배종이다.

남송 말년에 마지막 황제 조병(趙昺, 1272~1279)이 적 에게 쫓겨 펑황 산으로 도망을 갔을 때 물도 없었던 데다 목도 말랐다. 그러던 차에 어느 차나무의 잎을 잘근잘근 씹었더니 목마름이 사라졌다. 이 전설로 그 차나무는 이후 '숭중宋種송종'이라 불리었다.

찻잎은 크고 기다랗고, 독특한 과일 향은 깊고 강하 여 입안으로 퍼져 나간다.

산지 : 광동 성 차오저우시 펑황 산(廣東省 潮州市 鳳凰山).

펑황단충미란샹 鳳凰單欉蜜蘭香 봉황단총밀란향

'단충單欉단총'은 '한 그루의 나무'를 뜻하며, 찻잎을 따는 차나무 한 그루, 한 그루마다 칭하여 부른다.

펑황단충鳳凰單欉봉황단총은 수이셴水仙수선 품종 가운데서도 특히나 우수한 차나무로, 품종의 수는 80여 종이나 된다. 펑황수이셴鳳凰水仙봉황수선은 이전에는 '우쭈차烏嘴茶오취차'라 불렀지만, 1956년에 개명하였다. '미란샹蜜蘭香밀란향'은 펑황단충鳳凰單欉봉황단총의 십대밀화十大蜜花로 이름을 날린 단충의 하나로 수령이 200년 이상이나 된 어미나무가 있다.

이름 그대로 화려하고 진한 과일 향을 풍긴다. 단충 중에서는 생산량이 가장 많다.

산지: 광둥성 차오저우시 펑황 산(廣東省 潮州市 鳳凰山).

펑황단충구이화샹 鳳凰單欉桂花香 봉황단총계화향

펑황단충鳳凰單欉봉황단총의 십대밀화로 이름난 단충의 하나로, 찻잎에서 계화 향이 나는 차이다.

해발 1100미터의 고지인 우둥차구烏崠茶區에 수령 280년의 어미나무가 있다.

그 지역에서는 '부쿠부차不苦不茶불고부차', 즉 '쓰지 않고서는 차가 아니다'는 의식으로 펑황단충鳳凰單欉봉황단총을 입안에 머금은 후 먼저 쓴맛을 느껴 본다. 그 다음 순간 화려한 향이 가득 차면서 단맛이 펼쳐지는 감각이 차를 즐기는 이들을 수없이 매료시켰다. 꽃의 단 향과 펑황단충鳳凰單欉봉황단총 특유의 쓴맛 후 펼쳐지는 단맛도 즐길 수 있다.

산지: 광둥성 차오저우시 펑황 산(廣東省 潮州市 鳳凰山).

펑황단충위란샹 鳳凰單欉玉蘭香 봉황단총옥란향

펑황단충鳳凰單欉봉황단총 십대밀화의 한 단충으로 찻잎에서 독특한 '위란玉蘭옥란, 백목련' 향이 나는 차이다.

펑황단충鳳凰單欉봉황단총은 향기로움이 큰 매력인 우롱차이다. 그 향에는 50종류 이상의 방향성 화합물이 들어 있는 것으로 확인되었다.

해발 670미터의 펑황 차구에 있는 수령 150년이 넘는 어미나무에서 매년 청명이 지나면 봄 차를 딴다.

백목련같이 부드럽고도 은은한 향은 우려도 그 향이 오래 지속되어 맛을 제대로 즐길 수 있다.

산지 : 광둥성 차오저우시 펑황 산(廣東省 潮州市 鳳凰山).

펑황단충황지샹 鳳凰單欉皇枝香 봉황단총황지향

펑황단충鳳凰單欉봉황단총 십대밀화로 이름난 한 단충으로 찻잎에서 황지黃枝, 즉 치자나무의 향이 난다. 해발 1150미터 우둥 차구에 남송 말기에 심었다는 어미나무가 있다.

이 펑황단충황지샹鳳凰單欉皇枝香봉황단총황지향은 문화 대혁명기에 공산당 총서기 마오쩌둥(毛澤東, 1893~1976)에 헌상된 후 '둥팡훙東方紅동방홍'이라고도 한다.

진한 단 향과 쓴맛에 곧 이어지는 단맛은 매력적이기로 유명하다.

산지 : 광둥성 차오저우시 펑황 산(廣東省 潮州市 鳳凰山).

펑황단충바셴 鳳凰單欉八仙 봉황단총팔선

펑황단충鳳凰單欉봉황단총 십대밀화로 이름난 단충의 하나로 '바셴궈하이단충八仙過海單欉팔선과해단총'이라는 별칭이 있다.

원산지는 펑황진鳳凰鎭 우둥촌烏峒村이다. 땅으로 내리꽂은 벼락에 맞아 죽었다는 이야기가 전해지는, 송대로부터 내려온 어미나무로부터 접목을 통하여 8그루의 차나무가 각각 다른 장소에 심겨 있다.

모두 품질이 좋은 차나무로 자라 중국의 팔선과해八仙過海 각현신통各顯神通의 말에 따라 명명되었다고 한다. 사향같이 달고 진한 향과 단맛으로 목 넘김이 부드럽다.

산지 : 광둥성 차오저우시 펑황 산(廣東省 潮州市 鳳凰山).

펑황단충야시 鳳凰單欉鴨屎 봉황단총압시

차 이름의 뜻이 놀랍게도 '오리 똥'이다. 유래는 어느 차 농부가 우둥 산에서 가져온 차나무를 오리의 분토(황토색의 흙)에 심었더니 맛이 굉장한 차의 차나무로 자랐다.

농부는 이 차나무의 가지를 누군가 꺾어 갈까 봐 두려워 이름을 오리 똥의 향이라는 뜻으로 '야시샹鴨屎좁압시향'이라 붙였다. 이런 우려에도 역시나 차나무의 가지는 도난을 당하고, 이후 접목으로 차나무가 퍼지면서 오늘의 이름으로 불리게 되었다.

기묘한 이름과 달리 향은 무르익은 과일의 향과 비슷하며, 단맛은 입안에 오래도록 남는다.

산지 : 광둥성 차오저우시 펑황 산(廣東省 潮州市 鳳凰山).

링터우단충 嶺頭單欉 영두단총

광둥우롱차廣東烏龍茶광둥오롱차에는 '펑황단충鳳凰
單欉봉황단총'과 '링터우단충嶺頭單欉영두단총'의 두 종
류가 있다. 링터우단충嶺頭單欉영두단총은 또 '바이예
단충白葉單欉백엽단총'이라는 별칭이 있다.

1961년 광둥성 라오핑진饒平鎭의 한 시골인 링터우
촌嶺頭村에 펑황 산과 우둥 산의 차나무 묘목을 이식
하였다. 그중 성장이 빠르고 잎이 하얗게 빛나는 품
종을 번식한 단충이다.

1981년 중국 전역의 성에서 참가한 '차나무품종회
의'에서는 독립 품종으로 첫 인가를 받았다. 또 1988
년에 열린 '광둥성 우량종심사위원회'에서는 국가농
업부로부터 정식 품종명을 받았을 정도로 비교적 새
로운 차이다. 향은 과일 향이 나고, 맛은 상쾌하다.

산지 : 광둥성 라오핑진 링터우촌(廣東省 饒平鎭 嶺頭村).

시구핑우롱 石古坪烏龍 석고평오룡

찻잎에 붉고 가는 선이 있어 '이셴홍우롱—線紅烏龍
일선홍오룡'이라는 별칭이 있다.

해발 1000미터 이상에 위치한 시구핑향石古坪鄕이
원산지이다. 이곳에 사는 '서족畲族'은 차를 만들어
온 역사가 400년 이상이나 된다. 청대 말기에 이미
부분 발효차의 가공 기술까지 있었다고 전해질 정도
이다. 지금은 다지 산大質山 산맥으로까지 재배지가
확장되었지만 기후나 토양이나 품종 등의 조건으로
생산량을 더 늘리지는 못하고 있다.

맛은 산뜻하고도 싱그럽다.

산지 : 광둥성 차오저우시 펑황진 시구핑향(廣東省 潮州
市 鳳凰鎭 石古坪鄕).

원산바오중차 文山包種茶 문산포종차

타이완우롱臺灣烏龍대만오룡 중에서도 산화도가 가장 낮고 꽃 같은 맛이 나 별칭이 '칭차淸茶청차'이다. 타이완 북부를 대표하는 차이다. '베이원산 난둥딩 北文山 南凍頂북문산 남동정'이라 칭할 정도로 타이완의 대표적인 두 우롱차 중 하나이다. '바오중차包種茶포종차'는 원래 재스민차와 같이 꽃 향을 입힌 훈화차 熏花茶의 일종이다. 타이완에서는 훈화 과정 없이 높은 향을 내는 독특한 방법을 고안하여 불훈화의 바오중차包種茶포종차를 유일하게 생산하고 있다. 찻잎은 가느다랗고 기다랗게 비틀어진 모양이어서 조형條形 바오중차包種茶포종차에 속한다.
향은 꽃같이 향기롭고, 맛은 녹차같이 산뜻하다.
산지 : 타이완 타이베이현, 핑린향, 시추향, 핑시향(臺灣 台北顯, 坪林鄉, 石磋鄉, 平溪鄉)).

무자톄관인 木柵鐵觀音 목책철관음

청대에 타이완 무자구木柵區의 한 차 농부가 푸젠성 안시현의 톄관인鐵觀音철관음을 가져와 무자구의 장후 산쟝후산南樟湖山, 현재의 지난리指南理에서 재배를 한 것이 시초이다.
산화도가 높고, 타이완우롱臺灣烏龍대만오룡 중에서는 유일하게 구형球形의 바오중차包種茶포종차이다.
농익은 과일같이 진한 향과 맛이 특징이다.
톄관인鐵觀音철관음을 만드는 전통적인 방식은 숯불로 천천히 건조시켜 완성되기까지는 3일이나 걸린다. 이 방식으로 만든 찻잎은 그 양이 많지 않다.
톄관인鐵觀音철관음 품종으로 만든 것은 '정충톄관인차正欉鐵觀音茶정총철관음차'로 명기하여 다른 품종으로 만든 차와 구분하고 있다.
산지 : 타이완 타이베이시 무자구(臺灣 台北市 木柵區).

둥팡메이런 東方美人 동방미인

산화도가 60%에서 많으면 약 85%까지 이르는 우롱차로 완전 산화차인 홍차에 가깝다.

다르질링 차와도 같은 머스캣(청포도) 향은 유럽에서도 인기가 있다. 차의 맛이 샴페인 같아 '샹빈우롱차 香檳烏龍茶향빈오룡차', 찻잎의 모습으로는 '바이하오우롱차白毫烏龍茶백호오룡차', '펑펑차膨風茶팽풍차' 등 다양한 이름이 있다.

해충인 강충이가 진을 빤 잎이 차나무에 달린 상태로 산화하여 독특한 향이 나는 것으로 농약을 사용할 수 없어 '궁극의 유기농 차'이다.

산지 : 타이완 타이베이현, 신주현, 먀오리현, 타오위안현(臺灣 台北縣, 新竹縣, 苗栗縣, 桃園縣) 등.

다유링 大禹嶺 대우령

다유링大禹嶺 차구는 허환 산슴歡山의 난터우南投, 타이중台中, 화롄華連의 세 현에 둘러싸여 있다.

이 지역은 해발 2600미터 이상인 한랭한 곳으로 기온차가 커 차나무가 더디게 생육하여 찻잎이 부드럽고 그 맛도 당도가 높아 단맛을 충분히 느낄 수 있다.

이곳의 토양은 산성으로 배수도 좋아 굉장히 좋은 품질의 찻잎을 딸 수 있지만 생산량이 너무 적어 일반적으로 시장에 나오는 경우는 드물다.

산지 : 타이완 난터우현, 타이중현, 화롄현(臺灣 南投縣, 台中縣, 華連縣) 접경 지역 등.

둥딩우롱차 凍頂烏龍茶 동정오룡차

루구향鹿谷鄉 장야촌彰牙村의 둥딩 산凍頂山 해발 300~800미터 지대의 차 재배지에서 생산된다.

둥딩우롱차凍頂烏龍茶동정오룡차는 타이완우롱차臺灣 烏龍대만오룡차의 시조라는 임봉지(林鳳池, 1819~1866) 가 청대에 과거 시험을 보러 대륙으로 건너간 뒤 푸젠 성에서 36개의 차나무 가지를 가져온 것이 시초이다.

지금은 인기가 올라 다른 여러 지역에서도 둥딩우롱 차凍頂烏龍茶동정오룡차의 이름으로 차를 팔고 있지만 둥딩 산에서 생산한 차에 비하여 품질에 큰 차이를 보인다.

둥딩 산에서 생산한 진짜 둥딩우롱차凍頂烏龍茶동정 오룡차에는 진한 꽃 향과 단맛이 난다.

산지 : 타이완 난터우현 루구향(臺灣 南投縣 鹿谷鄉).

아리산가오산차 阿里山高山茶 아리산고산차

해발 800~1400미터의 산지는 일조 시간이 짧다. 아 침과 밤에는 안개가 많이 끼고 기온차가 커 차의 맛 이 쓴맛이 적고 단맛이 많이 난다.

주치향竹崎鄉 시자오촌石棹村 차구에서 나는 차는 특 히 '아리산주루차阿里山珠露茶아리산주로차'라고 한다. 이는 장제스(蔣介石, 1887~1975)의 아들인 장징궈(蔣 經国, 1910~1988)가 총통이었을 당시, 북총통이었던 셰둥민(謝東閔, 1908~2001)이 시자오촌을 방문하여 그 고산 지대의 차를 마시고 맛에 감동하여 '주루차珠 露茶주로차'라 이름을 지은 데서 유래하였다.

단맛이 진하고, 향도 오래도록 이어지면서 입안에 남 는다.

산지 : 타이완 자이현 아리산향(臺灣 嘉義縣 阿里山鄉) 등.

산린시가오산차 杉林溪高山茶 삼림계고산차

산린시杉林溪는 타이완 난터우현 주산진竹山鎭에 있는 해발 1600~1800미터의 고산 지역이다. 해발 1600미터 이상인 이곳의 룽펑龍鳳 골짜기가 산지이다. 고산 지역에서 생산되는 차 중에서도 유일하게 상품명을 내걸고 판매하는 차이다.

찻빛은 황금록빛으로 번들거리며, 향은 상쾌한 꽃향기가 난다. 입안에 넣으면 처음에는 쌉쌀하지만 곧바로 회감을 느낀다. 이 식은 차의 '냉향冷香'은 예로부터 그 훌륭함으로 인하여 많은 문인들이 찬사의 기록을 남겼다.

산지 : 타이완 난터우현 주산진(臺灣 南投縣 竹山鎭).

리산가오산차 梨山高山茶 이산고산차

리산 산梨山은 타이완에서 과일 배梨가 처음으로 재배된 산이다. 이 산은 난터우현의 북쪽 가장자리와 타이중현, 화롄현의 접경에 위치한다.

타이완의 고산 차구 중에서도 가장 높은 곳이며, 낮은 곳도 해발 고도만 2000미터나 된다. 그 높은 고도로 인하여 찻잎이 천천히 성장하면서 영양분이 충분히 저장되어 단맛이 풍부하기로 유명하다.

재배지에서는 과일 나무와 함께 심어 과일 비료를 주어 재배한다. 이로 인하여 찻잎에서는 과일 향이 난다.

산지 : 타이완 타이중현, 화롄현(臺灣 台中縣, 華連縣).

진솬차 金萱茶 금훤차

1980년대 전후 '타이완 차의 아버지'라 추앙을 받는 우전둬(吳振鐸)가 '잉지훙신硬枝紅心경지홍심'과 '타이눙台農태농 8호'라는 두 품종의 차나무를 교배하여 새로이 탄생한 '타이차台茶태차 12호'로 만든 차이다. 타이차 12호는 우전둬의 할머니 이름을 따 '진솬金萱 금훤'이라 명명되었다.

현재 타이완에서는 '칭신우롱차靑心烏龍茶청심오룡차' 다음으로 넓은 지역에서 재배되고 있다.

계화같이 달고 진한 향이 풍기는 것이 특징인데, 특히 아리산에서 생산되는 것은 우유 향이 나는 것으로도 유명하다.

산지 : 타이완 난터우현 밍잔향, 자이현, 아리산향(臺灣 南投縣, 名間鄕, 嘉義縣, 阿里山鄕) 등.

추위차 翠玉茶 취옥차

진솬차金萱茶금훤차와 마찬가지로 우전둬에 의하여 탄생하였다. 잉지훙신硬枝紅心경지홍심과 타이눙台農태농 8호를 교배한 타이차台茶태차 13호라는 품종으로 만든 차이다.

타이차台茶태차 13호의 품종 명을 우전둬의 어머니 이름을 따 '추위翠玉취옥'라고 명명하고, 이 찻잎을 사용하여 만든 차도 '추위차翠玉茶취옥차'라 부르게 되었다. 성장력이 강하여 드넓은 지역에서 재배되고 있다. 새싹은 약간 보랏빛이 나고 단맛이 있으며 종려나뭇과 빈랑나무 향에 비유되는 독특한 향이 있다.

산지 : 타이완 난터우현 밍잔향(臺灣 南投縣 名間鄕) 등.

씨지춘차 四季春茶 사계춘차

이른바 '후이지차輝仔茶휘자차'라고도 하는 비교적 최근의 차이다. 장원후이(張文輝)가 무자구의 다원에서 우연히 발견한 품종을 이용하여 톄관인鐵觀音철관음 품종을 개량한 것이다.

내한성耐寒性이 높고 동절기의 휴면기가 짧아 오랫동안 차를 딸 수 있어 '씨지춘四季春사계춘'이라 이름을 붙였다. 생산성이 높아 진샨차金萱茶금원차나 추위차翠玉茶취옥차와 함께 타이완에서 많이 재배되는 차이다.

향이 좋고 단맛을 느낄 수 있지만 여름과 가을에 딴 차에서는 쓴맛과 떫은맛도 강하게 느낄 수 있다.

산지 : 타이완 난터우현 밍잔향(臺灣 南投縣 名間鄉) 등.

탄페이라오차왕 炭培老茶王 탄배로차왕

주로 가오산우룽차高山烏龍茶고산오룡차를 다시 덖어 깊은 맛을 낸 차이다. 다시 덖는 과정에서 신선한 가오산차高山茶고산차가 바디감이 무거운 차로 새로이 태어난다.

안시톄관인安溪鐵觀音안계철관음으로도 만들지만 타이완우룽차臺灣烏龍茶대만오룡차가 더 딱딱하고 동그랗게 되어 있어 다시 덖어도 찻잎의 모양이 변하지 않아 두 번 덖는 경우가 늘고 있다.

색깔이 까맣고 꽉 동글어진 모양이어서 '헤이전주黑眞珠흑진주'라는 별칭도 있다.

산지 : 타이완 난터우현(臺灣 南投縣) 등.

청차편

'바디감이 가벼워지는 대륙의 청차'

중국차는 오늘날 소비자의 기호에 민감하게 반응하여 같은 이름의 차라도 만드는 법이 시대와 함께 변하고 있다.

청차의 경우, 소비자들이 옛날에 비하여 점점 화려한 향과 바디감이 가벼운 맛의 차를 찾고 있다. 특히 이 같은 현상은 우롱차에 대하여 현저히 나타나고 있다. 중국 대륙을 대표하는 우롱차인 안시톄관인安溪鐵觀音안계철관음이 그 대표적인 예이다.

안시톄관인安溪鐵觀音안계철관음은 오늘날과 비교하면 옛날에는 바디감이 무거운 맛의 차였다. 2004년경에 중국 대륙에서 타이완의 가오산우롱차高山烏龍茶고산오룡차가 유행하면서 타이완우롱차臺灣烏龍茶대만오룡차에 보다 가까운 맛으로 생산되기에 이르렀다.

이후 안시톄관인安溪鐵觀音안계철관음은 산화도가 낮고 향이 화려하기로 유명한 청향형의 우롱차로 바뀌었다. 새로 등장한 청향형에 대하여 원래 제법의 안시톄관인安溪鐵觀音안계철관음은 농향형(전통형이라 하는 경우도 있다)이라 구분하였다. 현재 시장에서 유통되는 대부분의 안시톄관인安溪鐵觀音안계철관음은 청향형이다.

이러한 경향은 안시톄관인安溪鐵觀音안계철관음 외에도 광둥우롱차廣東烏龍茶광동오룡차나 우이옌차武夷岩茶무이암차에도 큰 영향을 끼쳐, 이들 차는 해마다 덖는 과정이 줄어들면서 맛도 가벼워지고 향도 화려해지고 있다.

농향형   청향형

가벼운 바디감의 극치, 빙셴차

우롱차 중에서도 바디감이 가벼운 맛의 극치인
차가 바로 '빙셴차氷鮮茶빙선차'이다.

차를 만드는 과정에서 마지막의 건조 과정을
거치지 않아 찻잎이 수분을 많이 함유해 감촉이
약간 촉촉한 상태로 마신다. 건조 찻잎과는 달리
맛이 놀라우리라 만큼 산뜻하다. 신선도가 굉장
히 높은 반면 상하기도 쉬워 보관에 매우 주의를
기울여야 한다.

강한 향을 풍기며, 쓴맛이나 떫은맛이 별로 나
지 않는 것이 특징이다. 신차 시즌에 안시톄관인
安溪鐵觀音안계철관음이나 평황단충鳳凰單欉봉황
단총의 빙셴차氷鮮茶빙선차도 판매한다.

보통 찻잎(다홍파오 大紅袍 대홍포)

저가격의 타이완우롱차는
타이시차?!

생산량이 적고 차를 만드는 과정에 손이 많이 가
는 타이완우롱차臺灣烏龍茶대만오룡차는 중국 대
륙에서도 고가로 거래되지만 가끔은 굉장히 저렴
한 가격으로 판매되는 경우도 있다. 이는 '타이
시차台式茶태식차'라 보면 된다.

타이시차台式茶태식차란 타이완우롱臺灣烏龍의
차나무를 중국 대륙의 남부 지역 등에서 재배하
여 차를 대량으로 생산한 것이다. 차나무는 타이
완우롱臺灣烏龍의 차나무와 같지만 자라난 토양
이 서로 달라 맛이나 풍미도 당연히 다르다.

빙셴차氷鮮茶빙선차(다홍파오 大紅袍 대홍포)

흑차

黑茶 헤이차[Hei chá]

차의 소개

흑차 중에서는 푸얼차普洱茶보이차가 유명하지만 이 차는 사실 흑차의 한 종류일 뿐이며, 그 밖에도 다양한 흑차가 있다.

야채가 자라지 않는 고산지대나 사막지대의 사람들은 흑차를 옛날부터 비타민의 공급원으로 밀크 티나 버터 차로 만들어 마셨다. 흑차는 살청한 찻잎을 숙성 발효한 차로서 '후발효차後發酵茶'라 한다. 녹차, 백차, 황차, 청차, 홍차의 산화는 찻잎이 산화하는 '효소 산화'이지만, 흑차는 찻잎을 숙성시키는 과정에서 발생하는 누룩곰팡이 등의 '미생물 발효'이다.

흑차는 온성의 숙차와 양성의 생차로 분류된다. 온성의 숙차는 가을에서 겨울로 가는 환절기에 마시면 몸을 뼛속까지 따뜻이 해 준다. 반면 양성의 차는 몸을 차도록 해 더운 시기에 마시는 것이 좋다. 숙성이 진행된 흑차는 레드와인과 같은 그윽한 향과 깊은 맛을 간직하고 있다.

효능

위장에 좋아 잘 알고 마시면 다이어트나 몸을 관리하는 데 유익한 차이다.

생차는 지방 분해 효능이 숙차보다 높지만 공복에 마시면 위장에 오히려 부담을 주어 마시는 시기에 유의해야 한다. 또 '푸얼성차普洱生茶보이생차'는 간 기능을 도와 숙취를 완화하는 효능도 있다.

다만 흑차의 생차는 몸을 차게 하는 기능이 있어 추운 시기나 냉증, 생리 중의 사람들은 많이 마시지 않도록 유의해야 한다.

마시는 법

흑차는 창고 등에서 장기적으로 숙성시키는 경우가 많아 겉에 앉은 먼지를 제거해야 하는데, 숙차나 생차 모두 두 번 정도 세차를 한다. 세차 후 찻잎의 양을 줄이히는 만큼 넣어 뜨거운 물로 우려낸 후 마신다. 특히 푸얼차普洱茶보이차의 경우 소량의 찻잎으로도 여러 번 우려낼 수 있어 굉장히 경제적인 차이다.

푸얼성차 普洱生茶 보이생차

중국 윈난성 표준계량국은 2003년 '푸얼차普洱茶보이차'에 대하여 다음같이 정의하였다.

「윈난성의 특정 구역 내에서 '윈난다예중云南大葉種운남대엽종'을 햇빛에 건조한(쇄청) 차를 모차母茶로 하여 후발효 가공한 산차 및 긴압 차.」

푸얼성차普洱生茶보이생차는 찻잎을 덖은 다음(살청)에 비비고(유념) 햇빛으로 건조시켜(쇄청) 시간을 두고 숙성시킨다. 이후 틀에 넣고 강하게 압축하여 성형한다(긴압).

갓 완성된 차를 우린 찻빛은 투명한 황금물결이며, 맛은 녹차에 가깝다. 숙성이 진행된 차의 찻빛은 갈색이며, 맛은 한결 더 부드럽다. 숙성은 수십 년에 걸쳐 진행할 수도 있다.

산지 : 윈난성 푸얼시(云南省 普洱市) 등.

푸얼수차 普洱熟茶 보이숙차

푸얼수차는 누룩곰팡이를 인위적으로 넣어 숙성을 촉진하는 '악퇴' 과정을 거쳐 만든 것이다. 1973년부터 유통이 시작되었다.

맛이 부드러우며, '천상陳香진향'이라는 독특한 향이 난다. 좋은 품질의 것은 스무 회 정도 우릴 수 있다.

찻빛은 레드와인의 붉은빛기가 도는 맑은 갈색이다. 숙성에 실패하거나 품질이 낮은 것은 곰팡이 냄새가 나는 수도 있다.

산지 : 윈난성 푸얼시(云南省 普洱市) 등.

푸얼치쯔빙차 普洱七子餠茶 보이칠자병차

푸얼차普洱茶의 찻잎을 쪄 틀에 넣어 원반 모양으로 압축한 것을 '푸얼빙차普洱餠茶보이병차'라 한다.

베주머니 안에 넣어 찔 때 묶은 입구 부분을 원반의 틀 가운데로 억지로 집어넣기(긴압)에 중앙에 옴폭한 곳이 생긴다. 차마고도에서 카라반들이 교역할 때 운반이 편리하도록 차를 긴압해 7개를 한 묶음으로 말 등에 실었던 데 유래하여 '치쯔빙차七子餠茶칠자병차'라는 이름이 붙었다. 말의 적재량 단위로 '1매枚-덩어리나 매어 놓은 묶음 단위'인 357g은 이 차의 무게 단위로 오늘날까지도 이용되고 있다.

'치쯔七子칠자'는 '자손누대의 번창'이라는 뜻도 있어 혼수품으로 보내기도 한다. 참고로 긴압하지 않는 차는 '산차散茶'라 한다.

산지 : 윈난성 시상반나(云南省 西双版纳) 등.

푸얼팡차 普洱方茶 보이방차

'팡方방'이란 중국어로 정사각형을 뜻한다. '좐차磚茶전차'가 직사각형의 블록형인 데 대하여 '팡차方茶방차'는 정사각형으로 긴압한 차이다.

품질이 좋은 상품에는 윈난대엽종 쇄청 녹차의 1~2급 찻잎을 원료로 사용한 것도 있다.

청대에는 황제가 가신들에게 하사하기도 한 차이다. 이후 사람들은 이 차에 길한 네 글자인 '푸루슈시福祿壽喜복록수희'를 새겨 '씨시팡차四喜方茶사희방차'라 불렀다. 압축하여 얇은 표면에 요철을 붙이고 문자 등을 새긴 것도 많다.

산지 : 윈난성 시싱빈니(云南省 西双版纳) 등.

푸얼좐차 普洱磚茶 보이전차

'좐磚전'이란 벽돌이라는 뜻이며, '좐차磚茶전차'는 벽돌같이 직사각형으로 압축한 '긴압차緊茶茶'를 가리킨다.

비교적 낮은 등급의 찻잎을 원료로 만든다. 원래는 공 모양의 긴압차였던 것이 무늬가 들어간 버섯형의 긴압차로 바뀌었다. 그러던 것이 1957년에 기계가공 시스템이 도입되어 운반이 편리하도록 좐차磚茶전차로 바뀌었다.

좐차磚茶전차에는 비타민이나 미네랄, 특히 카테킨의 함유량이 많아 야채를 섭취하기 어려운 고장의 소수민족이 예로부터 밀크 티나 버터 차의 형태로 만들어 마셨다.

산지 : 윈난성 시상반나(云南省 西双版纳) 등.

푸얼퉈차 普洱沱茶 보이타차

'퉈차沱茶타차'는 움푹한 사발 모양의 긴압차로 윈난성 샤콴시下關市에서 생산되고 있는 것이 가장 유명하다.

퉈차沱茶타차란 이름의 유래에는 동그란 모양을 '퇀團단'이라 불렀던 것이 훗날 '퉈'로 불리었다거나, '쓰촨퉈강四川沱江사천타강' 일대가 주 소비지였기 때문이라는 설이 있다.

퉈차沱茶타차에는 쇄청 녹차를 직접 쪄 만든 것과 악퇴 발효시킨 '푸얼산차普洱散茶보이산차'로 만든 것 두 종류가 있다. 하나당 무게는 보통 100g, 250g으로 크기는 다양하다. 다섯 개를 한 묶음으로 하여 죽피로 포장되어 있다.

산지 : 윈난성 샤콴시(云南省 下關市) 등.

푸얼샤오퉈차 普洱小沱茶 보이소타차

푸얼퉈차普洱沱茶보이타차를 5~8g씩 한 번에 마실 수 있도록 작은 크기로 가공한 것이다.

푸얼수차普洱熟茶보이숙차나 푸얼성차普洱生茶보이생차를 푸얼퉈차普洱沱茶보이타차로 가공한 것이 대표적이다. 이외에도 최근에는 푸얼차普洱茶의 찻잎에 장미, 국화, 재스민, 계화, 매화꽃, 삼칠화三七花, 금은화金銀花, 나한과羅漢果, 연꽃 등 한의학 소재를 넣은 것, 또 커피 원두를 넣은 것 등 다양한 종류로 생산되고 있다.

창고 냄새가 나 마시기 어려울 정도로 하품인 차에서부터 '궁팅푸얼宮庭普洱궁정보이' 찻잎을 사용한 상품의 차에 이르기까지 품질에 따른 가격대가 폭넓다.

산지 : 윈난성 푸얼시(云南省 普洱市) 등.

궁팅푸얼 宮庭普洱 궁정보이

'궁팅푸얼차宮庭普洱茶궁정보이차'는 옛날에는 황제에게 헌상된 차였다.

'황자皇家황가'는 황실을 뜻하며, '황자푸얼皇家普洱황가보이'은 초봄인 2월에 야생 대엽종 교목의 싹만 따 만들었다. 옛날에는 찻잎을 따는 데에도 순서가 있어 헌상용 찻잎을 먼저 딴 뒤에야 백성용 찻잎을 딸 수 있었다.

지금의 궁팅푸얼宮庭普洱궁정보이은 이 황자푸얼皇家普洱황가보이을 모방하여 어린 싹만 따 만든 고급의 푸얼차普洱茶보이차이다.

찻빛은 자수정같이 맑고도 붉은빛기의 아름다운 갈색이다. 맛은 쓴맛이나 떫은맛이 없어 부드러우면서도 깊다.

산지 : 윈난성 시솽반나(云南省 西双版纳) 등.

주퉁샹차 竹筒香茶 죽통향차

원난성의 '타이족泰族태족'이나 '라쿠족拉枯族납고족'들이 만들어 온 200여 년 역사의 차이다. 죽통에 넣은 일아이엽, 일아삼엽의 대엽종 쇄청 녹차로 손님을 맞이할 경우 마신다.

죽통은 안지름이 3∼8센티미터, 길이는 8∼20센티미터로 크기가 다양하다. 대나무의 상쾌한 향과 찻잎 향이 어우러져 '민족적 풍미'를 물씬 느낄 수 있는 귀한 차이다.

죽통을 숯불로 구워 깨뜨리고 찻잎을 안에서 꺼내 우려 마신다. 품질이 좋은 상품은 장기적으로 보존할 수도 있다.

산지 : 원난성 시솽반나(云南省 西双版纳) 등.

반찬진차 班禪緊茶 반선긴차

판허쥔(范和鈞) 선생이 세운 차 공장인 '페이하이차창沸海茶廠불해차장'에서 1912년∼1917년 공 모양의 긴압차를 버섯 모양으로 긴압하여 '바오옌파이진차宝焰牌緊茶보염패긴차'를 만들었다. 차를 만드는 전 과정이 수작업으로 진행되며, 하나당 무게가 238g인 7개가 한 묶음을 이룬다. 버섯형은 수분이 증발하기 쉬워 곰팡이가 잘 생기지 않지만 1967년에 쫜차磚茶전차의 등장으로 생산이 중단되었다. 그러던 중 1986년, 티베트 불교의 판첸(དྲྀ་ཆེན་ལྲྀ་མ་) 라마가 사원용 긴압차를 생산한 이래 재현되었다. 판첸의 중국명이 '반찬班禪반선'이어서, 이후 이 차는 중국에서 '반찬진차班禪緊茶반선긴차'라 불렸다. 현재는 차 하나당 무게가 250g이며, 생차와 숙차의 두 종류가 있다.

산지 : 원난성 샤관시(云南省 下關市) 등.

구수차 古樹茶 고수차

정확한 정의는 딱히 없지만 일반적으로 수령 100년 이상인 차나무에서 딴 찻잎으로 만든 차를 가리킨다. 윈난성의 산속에는 수령이 1000년이 넘는 천년고목이 많이 있지만 찻잎의 생산량이 적어 대량 생산형의 숙차로 만드는 경우는 없고 보통 생차로 만들어 유통하고 있다.

천년고목들이 뿌리를 사방으로 뻗쳐 토양의 다양한 영양분과 미네랄을 흡수하여 이 찻잎으로 만든 차는 건강 차로도 효능이 높다.

수령이 긴 차나무의 찻잎만이 보여 줄 수 있는 깊은 맛을 낸다. 품질이 좋은 것은 스무 번 이상이나 우려 낼 수 있다.

산지 : 윈난성 시솽반나(云南省 西双版纳) 등.

쯔야 紫芽 자아

차나무는 원생종인 대엽종 교목의 돌연변이종이다. 싹이 보라색이어서 '쯔야紫芽자아'라고 한다.

다성이라 칭송되는 육우도 저서 『다경』에서 '자아가 위고, 녹차는 다음-紫者上、綠者次'이라 기록하며 쯔야의 풍미를 찬탄하였다.

찻잎은 보통 삼엽까지는 보라색이며, 이후의 것부터는 녹색이다. 이우易武, 멍하이勐海, 린창臨滄 등 해발 1800미터 이상의 고산지대에서 극히 적은 양으로 생산되어 매우 귀하다.

찻빛은 갈색이며, 맛은 부드러운 단맛이다.

산지 : 윈난성 시솽빈나(云南省 西双版纳) 등.

웨광바이 月光白 월광백

찻잎이 앞면은 하얗고 뒷면은 까매, 달빛에 찻잎이 새하얗게 흐드러져 빛나는 듯한 모양으로서 반半발효의 푸얼차普洱茶보이차이다. 발효를 절반 정도로 하여 찻잎의 풍미가 남도록 만들어 반半숙차라고도 한다.

이름은 찻잎을 달빛에 말리기에(월광위조), 또는 흑백의 찻잎에 백호로 둘러싸인 싹이 밤하늘에 혼자 뜬 달 같아 유래되었다고 한다.

뜨거운 물을 부으면 찻잎에서는 카카오를 연상시키는 부드러운 단 향이 올라온다. 찻빛은 노란 꿀빛이며, 맛은 떫은맛이 없는 홍차와도 같이 우아한 단맛이다.

산지 : 윈난성 시야지구 린창현(云南省 思芽地區 臨滄縣) 등.

제푸차 桔普茶 길보차

꿀귤蜜桔 속을 도려내고 그 안에 푸얼수차普洱熟茶보이숙차를 넣은 차이다.

차를 우릴 때는 귤껍질을 잘게 썰어 찻잎과 함께 찻주전자에 넣고 뜨거운 물을 붓는다.

귤껍질도 함께 넣어 귤 향이 나는 푸얼차普洱茶보이차로서 긴장을 이완하는 효능이 높다. 또 오래 건조시킨 귤껍질은 '진피'라고 하여 한의약의 소재로도 쓰인다. 진피에는 위장을 튼튼히 하는 건위 효능 외에도 장을 청소하고, 가래를 제거하며, 혈압을 낮추는 등의 효능이 있다. 이와 비슷한 차 중에는 작은 호박 크기의 '유쯔궈차柚子果茶유자과차'도 있다. 큰 감귤류인 유자의 속을 도려내고 그 안에 푸얼산차普洱散茶보이산차를 넣은 것이다.

산지 : 윈난성 시솽반나(云南省 西双版纳) 등.

순야푸얼 笋芽普洱 순아보이

대엽종의 싹만 따 만든 푸얼차普洱茶보이차이다. 찻잎이 죽순의 모양을 닮아 '순야푸얼 笋芽普洱순아보이'이라 한다.

초봄인 3월에 찻잎의 싹이 갓 피어올랐을 때 따는 귀한 차이다. 싹은 벨벳같이 솜털로 둘러싸여 우려내는 데 시간이 다소 걸린다.

찻빛은 연노랑이며, 맛은 푸얼성차普洱生茶보이생차같지만 장시간 우려내도 쓴맛이나 떫은맛이 나지 않는다. 초봄에 맡을 수 있는 수풀 향과 부드러운 단맛이 나는 것이 특징이다.

산지 : 윈난성 시솽반나 멍하이현(云南省 西双版纳勐海縣) 등.

뤼바오차 六堡茶 육보차

광시좡족廣西壯族 자치구 창우현蒼梧縣 뤼바오향六堡鄉이 원산지이다. 지금은 광시좡족 자치구 내 20여 현으로 산지가 확장되고 있다.

숙성이 잘 일어나고 운반하기에도 편리하여 대바구니에 넣고 보존하는 경우가 많다. 현재는 귀여우리만큼 작고 깜찍한 대바구니에 산차 250g을 넣어 판매하기도 한다. 산차 외에 블록이나 원통이나 동전 등 다양한 모양의 긴압차로 생산되고 있다.

같은 흑차인 푸얼차普洱茶보이차보다 마시기에 부드러운 편이지만 맛은 더 깊이가 있다.

산지 : 광시좡족 자치구 칭우현 뤼바오향(廣西壯族 自治區 蒼梧縣 六堡鄉).

칭좐 靑磚 청전

허베이성 셴닝咸寧 지구에서 만든 '라오칭차老靑茶노청차'를 원료로 한, 100여 년 역사의 흑차이다.

직사각형의 블록형으로 무게에 따라 2kg, 1.7kg, 900g, 380g으로 나뉜다. 대부분은 네이멍구 자치구, 티베트 자치구, 신장웨이우얼 자치구, 칭하이성에서 소비되지만 일부는 몽골, 러시아, 영국 등으로 수출된다.

칭좐은 겉의 '몐차面茶면차'와 속의 '리차里茶이차'에 각기 다른 찻잎을 사용하며, 찻잎의 품질은 1, 2급일 정도로 높다.

찻빛은 밝은 붉은빛기이며, 맛은 목 넘김이 자연스러울 정도로 부드럽다.

산지 : 허베이성 셴닝지구(湖北省 咸寧地區) 등.

푸좐차 茯磚茶 복전차

이 차의 가장 큰 특징은 '진화金花금화'라는 노란색 균이 찻잎에 붙어 있는 것이다. 이 균의 정체는 건성乾性 곰팡이류인 '에우로티움 크리스타툼Eurotium cristatum'이다. 이 차는 1860년경에 등장하여 처음에는 '후차湖茶호차'라 불리다가, 복날에 만들었다는 데서 '푸차伏茶복차', 또는 원료를 산시성陝西城의 징양현泾陽縣에 보내 만들었다는 데서 '징양좐泾陽磚경양전'이라 불리었다. 1953년 안화시安化市의 차 공장인 바이사시차창白沙溪茶廠에서 생산에 성공한 이후로 현재는 후난성 이양시益楊市의 공장과 함께 두 곳에서 생산하고 있다. 진화를 발생시키는 과정은 국가 2급 기밀로 분류되어 다른 공장에서는 생산이 어렵다. 찻빛이 연갈색을 띠고, 맛이 산뜻하다.

산지 : 후난성 안화시, 이양시(湖南省 安化市, 益楊市).

헤이좐 黑磚 흑전

후난성의 차 공장인 바이사시차창에서 생산하고 있는 긴압 흑차이다.

안화시와 이양시 타오장현桃江縣 등의 차 공장에서 생산한 질 좋은 흑차의 원재료, 즉 '황차荒茶'로 만든다. 황차荒茶는 갓 딴 싹을 증기로 쪄 말린 아직 정제하지 않은 차를 이른다.

명대 말기에서 청대 초기에 변방의 소수민족 거주지로 배송된 '볜차边茶변차'는 약 80%가 안화시의 흑차이다. 그 흑차의 대부분은 산시성 징양현으로 보내져 블록형의 좐차磚茶전차로 만들어졌다.

1939년 후난성 차엽관리처는 안화시에 흑차를 좐차磚茶전차 형태로 대량으로 생산할 수 있는 공장을 만들고, 그 차의 품질도 '톈天천', '디地지', '런人인', '허和화'의 네 등급으로 나눈 뒤, 이름을 '헤이차좐黑茶磚흑차전'이라 지었다.

이후 중국차업공사의 안화좐차창-바이사시차창의 전신-이 생산 규모를 확대하고, 차 이름을 '헤이좐차黑磚茶흑전차'로 바꾸었다. 주요 소비지는 중국 서북부 소수민족의 거주지이다.

산지 : 후난성 안화시(湖南省 安化市).

첸량차 千兩茶 천냥차

청대 '도광연간道光年間, 1821년'에 산시성陝西省의 어느 한 차 상인이 안화시의 흑차로 원통형의 '바이량차白兩茶백냥차'를 만들었다. 이후 1870년경에 산시성山西省의 삼화공三和公이 무게가 천 냥인 37.27kg, 길이가 다섯 자인 166.5cm의 '첸량차千兩茶천냥차'를 만든 것이 그 시초이다.

생산의 명맥이 한 번 끊어졌지만, 1952년에 후난성의 바이사시차창에서 그 재현에 성공하였다.

다섯 자의 길이로 판매되는 경우도 있지만 보통은 얇게 썬 원반형으로 유통된다. 품질이 좋은 것은 흑설탕과 같은 단맛이 난다.

산지 : 후난성 안화시(湖南省 安化市).

캉좐 康磚 강전

티베트 차인 '장차藏茶장차'의 한 종류로 비교적 낮은 등급의 쇄청 녹차로 만든다.

각진 부위가 없는 부드러운 블록형으로 품질이 좋은 것은 '진젠차金尖茶김첨차'라 한다. 주요 소비인 티베트에서는 버터 차 등의 형태로 만들어 마신다.

쓰촨성의 야안시에서 티베트에 이르는 차 교역은 1300년 전부터 시작되었다. 중국은 역사적으로도 중앙 정부 차원에서 당송대 이래 야안시에 차와 말의 교역 시장인 '차마후시茶馬互市차마호시'를 두고, 차로써 변방을 통치하는 '이차지볜以茶治辺이차치변'의 정책을 펼쳤다.

찻빛은 붉은빛기가 감도는 갈색이며, 맛은 산뜻하고 목 넘김도 부드럽다.

산지 : 쓰촨성 야안시(四川省 雅安市).

장차 藏茶 장차

흑차

야채를 재배하지 못하는 고산지대나 사막지대의 유목민들은 차를 마시면서 비타민을 섭취하며 살아왔다. 그런 지역에서 소비되는 차는 '볜쒀차边鎖茶변쇄차'라 한다.

이들 지역에서 차가 차지하는 비중은 '먹을거리 없이는 사흘을 살 수 있어도, 차 없이는 하루도 살 수 없다－宁可三日無糧、不可一日茶', '차가 하루 없으면 몸에 활력이 없고, 사흘 없으면 병에 걸린다－一日無茶則滯、三日無茶則病'고 할 정도였다.

쓰촨성 야안시는 당대로부터 볜쒀차边鎖茶변쇄차의 유명 산지였으며, 장차藏茶장차도 지금까지 이곳에서 생산되고 있다. 건강에 좋아 인기가 좋으며, 티백으로도 판매되고 있다.

산지 : 쓰촨성 야안시(四川省 雅安市).

흑차 편

'푸얼차의 병차는 왜 357g?'

내륙 아시아를 횡단하여 중국과 서아시아, 그리고 지중해 연안국을 잇는
고대 비단의 교역로, '실크로드silk road'는 중국에서 시작되었다. 그런데
중국에는 또 하나의 길이 있었다. 차마고도라는 차의 길, '티 로드tea road'
이다.

차마고도는 윈난성이나 쓰촨성에서 생산한 찻잎과 티베트 등 고산지대
에서 자란 튼실한 말의 교역로이다.

야채가 자라지 않는 고산지대의 사람들은 차를 일상적으로 마시면서 비
타민을 섭취하며 살아와 차는 생활에 없어서는 안 될 필수 품목이었다. 또
중국 내륙부에서는 고산지대에서 자란 강한 체력의 전마가 필요하였다.

윈난성이나 쓰촨성에서 운반에 편리하도록 찻잎을 동그랗게 떡 모양으
로 압축한 병차는 카라반에 의하여 말에 실려 티베트나 신장웨이우얼(옛
위구르)을 지나 히말라야 산맥을 넘어 네팔에까지 운반되었다.

수개월에 걸쳐 오랜 동안 티 로드를 따라가는 카라반의 말에는 찻잎이
60kg이나 실려 있었다.

당시 병차는 7매를 한 묶음으로 하여, 말 등의 좌우에 각각 12묶음씩,
합하여 총 24묶음을 매달았다. 60kg을 24묶음으로 나누고, 또 7매로 나누
면 1매는 곧 357g이 된다.

푸얼차普洱茶보이차의 무게 단위로 1매를 357g으로 정한 전통은 오늘날
까지도 이어져 내려오고 있다. 푸얼차普洱茶보이차에 '치쯔빙차七子餅茶칠자
병차' 문구가 흔히 적혀 있는 것도 이런 연유에서이다.

푸얼차의 포장재에 적힌
번호의 의미

푸얼차普洱茶보이차의 포장재에는 번호가 큼지막하게 기재되어 있다. 이 번호는 중국에서 '마이하오唛号맥호'라 한다. 광둥어로는 '상표'를 가리키는 용어이며, 영어 '마크mark'의 발음에서 유래하였다.

중국의 보통어인 베이징어로는 '차하오茶号차호'라고도 하는 이 번호는 푸얼차普洱茶보이차 상품의 개발 이력을 표시한 것이다.

1976년 윈난성 차업공사에서는 푸얼차普洱茶보이차의 수출량이 지속적으로 늘어나자 차 상품에 개발 이력을 나타내는 번호를 붙이도록 하였다.

푸얼차普洱茶보이차는 한 종류의 찻잎만으로는 깊은 향미를 내기 어려워 여러 종류의 찻잎을 블렌딩하여 만들고 있다. 푸얼빙차普洱餅茶보이병차의 경우 보통 네 자리의 마이하오를 붙인다. 그중에는 '7542'나 '7262' 등 명품도 탄생하였다.

중국에서는 차 공장인 차창의 수가 늘어나고, 마이하오도 그 차창들이 독자적으로 매기고 있다. 그런 면에서 마이하오는 이제는 더 이상 큰 의미는 없어져 마이하오를 매기지 않은 차도 지금은 많이 유통되고 있다. 그럼에도 그 마이하오의 의미를 알고 있으면 푸얼빙차普洱餅茶보이병차를 보다 더 흥미롭게 즐길 수 있다.

'마이하오嘜号맥호'의 구성(왼쪽부터)

첫째, 둘째 자리 : 차 상품의 레시피 개발 연도(10년도, 1년도 단위)
셋째 자리 : 주된 찻잎의 품질 등급
넷째 자리 : 차 공장(차창) 코드
1. 쿤밍차창(昆明茶廠) 2. 멍하이차창(勐海茶廠)
3. 샤콴차창(下關茶廠) 4. 푸얼차창(普洱茶廠)

예를 들어 '7262'는 1972년에 멍하이차창이 레시피를 개발한
상품으로서 주된 찻잎의 품질은 6등급이라는 뜻이다.
왼쪽부터 첫째, 둘째 자리의 수는 각각 10년도, 1년도 단위로서
상품의 레시피를 개발한 연도이다. 찻잎을 생산한 연도가 아니다.
또 산차의 경우에는 셋째, 넷째 자리의 수가 찻잎의 등급이다.
예를 들어 '76083'이면 1976년에 샤콴차창이 개발한 상품으로
서 주된 찻잎의 품질은 8등급이라는 뜻이다.

푸얼차의 숙차와 생차의 판별법

푸얼차普洱茶보이차라 하면 까맣고 앙증맞은 찻잎을 떠올리는 경우가 많다. 사실 푸얼차普洱茶보이차는 숙차와 생차의 두 부류로 크게 나뉜다.

숙차는 일반적으로 푸얼차普洱茶보이차의 이미지 그대로 까만 찻잎이고, 생차는 색이 밝고 생잎의 모양도 아직은 남아 있는 찻잎이다. 숙차와 생차는 가공 방법에서 큰 차이가 있다.

윈난대엽종의 찻잎으로 쇄청 녹차를 만드는 과정까지는 푸얼차를 만드는 법으로서 같다. 먼저 찻잎을 딴 후 가열 과정인 살청을 통하여 찻잎의 효소 산화를 멈춘다. 다음으로 찻잎을 비비는 유념 과정을 거쳐 햇빛에 말려 쇄청 녹차를 만든다. 이것이 숙차와 생차의 원료이다.

이어 숙차는 찻잎을 블렌딩하여 주머니에 넣어 찐 후 압축한 형태로 창고에 보존하면서 숙성시킨다.

푸얼차普洱茶보이차는 할아버지가 청년 시절에 만든 차를 훗날 손자가 마신다고 할 만큼, 맛있게 숙성되기까지는 꽤 오랜 시간과 많은 노력이 요구된다. 또 장기적으로 숙성시킨 푸얼차普洱茶보이차는 굉장히 귀하기도 하다.

이로 인하여 사람들이 보다 더 짧은 기간에, 보다 더 맛있는 푸얼차普洱茶보이차를 만들기 위하여 연구를 진행하였다. 1973년에는 누룩곰팡이를 이용하여 인공적으로 발효시키는 악퇴라는 가공법을 확립하였다. 이로써 탄생한 것이 숙차이다.

푸얼차普洱茶보이차는 원래 숙성에 수년 내지 수십 년이 흘러야 했지만, 연구 결과로 단기간에 만들 수 있는 숙차가 등장한 것이다.

이처럼 만드는 방법이 달라 두 차는 찻잎의 모양도 찻빛도 다르다. 생차는 떡 형태의 병차와 같이 딱딱하게 긴압차가 되어도 찻잎이 생잎 원래의 모습을 간직하고 있다. 반면 숙차는 인위적으로 짧은 기간에 숙성시키는 악퇴의 과정을 거쳐 찻잎이 생잎 원래의 모습을 잃고 까맣다.

생차는 찻빛이 황갈색으로 빛나며, 맛은 부드러운 녹차와 같이 싱그럽고 상쾌하다. 이에 대하여 숙차는 찻빛이 주황빛, 붉은빛기의 갈색이며, 맛은 바디감이 무거울 정도로 진하다. 다만 장기 숙성을 거친 생차는 모양이 숙차와 구분이 어려우며, 찻빛도 숙차와 같이 진해진다.

푸얼성차普洱生茶보이생차. 수년 내지 수십 년에 걸쳐 창고에 보관하면서 숙성시킨다. 우려내면 찻빛은 노란색, 황갈색으로 빛난다. 맛은 녹차와 같이 부드럽다.

푸얼수차普洱熟茶보이숙차. 누룩곰팡이를 이용하여 인위적으로 발효시켜 짧은 기간 내에 숙성한 것이다. 우려내면 찻빛은 주황빛, 붉은빛기의 살색이며, 맛은 바디감이 무거운 느낌이다.

다양한 포장재의 흑차

중국차 가운데서도 특히나 긴압차가 많은 흑차는 다른 차에 비하여 포장재가 다양한 것도 특징이다. 복고풍으로 소박하면서도 수수하지만 보고만 있어도 절로 즐거워진다.

이는 흑차가 원래 산지에서 주로 소비되고, 때로는 차마고도를 수개월이나 걸쳐, 때로는 국경을 넘어서까지 운반되어 온 역사가 있어서일는지도 모른다.

지금도 흑차의 포장재에는 위구르어나 몽골어나 러시아어 등의 언어들이 문자로 인쇄된 것들이 많아 그들 문자를 보고만 있어도 이국적인 느낌이 물씬 풍겨 온다.

상품성이 높은 빈티지 푸얼차普洱茶보이차는 같은 차창에서 생산한 것이라도 생산 연도에 따라 포장재에 찍힌 로고의 글꼴이 미묘한 차이를 보인다. 이러한 포장재의 수집가가 로고의 글꼴이나 색상의 차이로 푸얼차普洱茶보이차의 진위를 구분하는 경우도 있다.

● 빙차餅茶병차
전용 스탠드에 세워 보관하는 경우도 있다. 최
근에는 인테리어를 의식한 현대적인 디자인
도 많아지고 있다.

● 푸차茯茶복차
바이사시차창의 포장재는 작품성이 뛰어나
근년 들어 인기가 올라가고 있다. 종이 박스의
질감도 좋다.

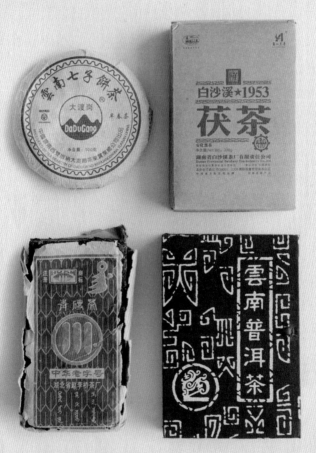

● 칭좐차靑磚茶청전차
보통 '촨川천' 자 상품명으로 불리는
칭좐차靑磚茶청전차. 포장재 안에 는
긴압차 겉에도 '川'이 크게 각인되어
있다.

● 란란藍染남염
'란란藍染남염'은 쪽으로 남빛을 입히는 염색
직입이디. 무얼차普洱茶보이차이 삽지이 위나
성은 란란藍染남염으로 유명한 곳이어서 포장
재도 남빛을 입힌 것이 많다.

홍차

紅茶 홍차[Hóng chá]

차의 소개

홍차는 찻잎을 100% 산화시키는 완전 산화차이다. 온성에 속하여 몸을 따뜻이 하는 차이다.

중국은 홍차 발상의 나라이며, 푸젠성 우이 산의 '정산샤오중正山小種정산소종'은 세계 최초의 홍차이다. 등급이 높은 '진하오金毫금호(이하 금호라 한다)', 또는 영어로 '골든 팁golden tip'이라는 싹의 찻잎이 가득한 홍차는 떫은맛이 없고 달고 부드럽다.

중국 홍차는 찻잎의 향에 개성이 강한 것이 많고, 찻잎도 분쇄되지 않고 온전한 상태로 있는 만큼 등급도 높다.

효능

온성이어서 몸을 따뜻이 하는 효능이 있다. 폴리페놀류가 산화하면서 분해되어 위장의 기능을 조정해 준다. 소화 촉진 효능도 있어 식후에 마시는 것도 좋다.

또 카테킨의 효능으로 원기를 회복하고, 테아닌과 에센셜 오일 성분의 효능으로 긴장을 이완하는 효능도 있다. 다만 몸을 따뜻이 하는 효능이 강하여 열이 나는 경우에는 마시는 것을 피하는 것이 좋다.

마시는 법

개완이나 유리제 찻주전자를 보통 사용한다. 처음부터 차가 진하게 우러나 윤차를 할 필요가 없다.

금호가 많은 찻잎의 경우 뜨거운 물의 온도는 약 80도로 하지만 '뎬홍滇紅전홍' 등 대엽종의 경우 금호가 있어도 더 뜨겁게 끓인 물로 우린다. 다만 찻잎의 상태에 따라 물의 온도는 달라질 수 있다.

치먼홍차 祁門紅茶 기문홍차

안후이성 치먼현祁門縣 지역에서 생산되는 '궁푸홍차工夫紅茶공부홍차'이다.

치먼현은 명·청대에 녹차의 생산이 활발한 곳이었다. 1875년경에는 국제적으로 홍차가 많이 거래되었지만 당시 중국 내 생산량은 아직 적었다. 차 상인인 후위안룽(胡元龍, 1836~1924)이 치먼현에서 녹차로 홍차를 생산하는 데 성공하였다.

품질이 좋은 것은 3~4월에 일아일엽, 일아이엽으로 찻잎을 딴 것이다. 치먼홍차祁門紅茶기문홍차는 '치먼샹祁門香기문향'이라고 하여 난초의 향에 비유할 정도로 향이 좋기로 유명해 옛날부터 영국 왕실을 비롯하여 유럽에서 많은 사랑을 받았다. 다르질링Darjeeling, 우바UVA와 함께 세계 3대 홍차이다.

산지 : 안후이성 치먼현(安徽省 祁門縣).

미좐차 米磚茶 미전차

분쇄한 홍차 찻잎을 쪄 압축하여 만든 긴압차이다. 원료로는 후베이성 외 후난성, 장시성, 안후이성의 홍차가 사용되고 있다.

1870년대에는 주로 러시아에 수출되었다. 이후에는 신장웨이우얼 지역이나 화베이華北 지역에서 주로 판매되지만 러시아나 몽골로 지금도 수출되고 있다. 압축된 차는 겉면에 윤기가 흐르면서 매우 향기롭다. 또 겉면에 요철을 만들어 문양이나 그림을 넣은 것은 공예품으로서 가치가 높다.

산지 : 후베이성(湖北省).

정산샤오중 正山小種 정산소종

명대 말부터 청대 초까지 푸젠성 우이 산에서 생산된 세계 최초의 홍차로 유럽에 가장 먼저 전해졌다. 유럽에서는 옛날에 이 차를 '보히티Bohea tea'라 불렀다. '보히Bohea'는 지금의 우이 산을 가리킨다. 현재는 '랍상소종Lapsang souchong'이라 부른다.

'정산正山'도 우이 산을 가리키며, '샤오중小種소종'은 생산량이 적은 자생 찻잎임을 뜻한다.

솔잎을 땔감으로 훈연하는 과정이 있어 빈랑나무 향에 비유되는 '쑹옌샹松煙香송연향'이 독특하다. 품질 좋은 찻잎의 차는 용안나무의 열매 같은 단맛이 난다.

산지 : 푸젠성 우이 산시 퉁무(福建省 武夷山市 桐木).

우옌정산샤오중 無煙正山小種 무연정산소종

정산샤오중正山小種정산소종은 원래 솔잎을 때워 연기를 피우는 과정이 있어 독특한 훈연향으로 '쑹옌샹松煙香송연향'이 난다. 근년에는 이 훈연 과정을 없앤 정산샤오중正山小種정산소종이 많이 생산되고 있다. 2005년에 우이 산 퉁무 지역에서 '진준메이金駿眉금준미'라는 차가 생산되어 대유행이 일었다. 이 유행으로 사람들은 진준메이金駿眉금준미와 비슷하도록 하면서도 솔잎으로 훈연하는 과정을 없앤 새로운 정산샤오중正山小種정산소종을 시범적으로 생산하였다. 이것이 '우옌정산샤오중無煙正山小種무연정산소종'이다. 지금은 시장의 점유율도 점점 높아지고 있다. 좋은 품질의 찻잎으로 대부분 만들어 풋풋한 과일 향과 아미노산의 단맛을 충분히 맛볼 수 있다.

산지 : 푸젠성 우이 산시 퉁무(福建省 武夷山市 桐木).

진준메이 金駿眉 금준미

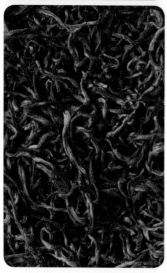

우이 산 해발 1200∼1800미터 고산지대의 자생 차나무 싹만 따 만든 최고급의 정산샤오중正山小種정산소종을 지난 2005년에 특별히 '진준메이金駿眉금준미'라 명명하였다.

찻잎 500g당 6만∼8만 잎의 싹이 들어 있으며, 또 전 과정을 수작업으로 진행하여 가격이 굉장히 높다.

금호 또는 골든 팁이라 불리는 새싹이 담뿍 들어간 찻잎에는 정산샤오중正山小種정산소종 특유의 훈연향인 '쑹옌샹松煙香송연향'이 나지 않는다. 황금빛기의 찻빛과 맛깔스러운 국처럼 아미노산이 넘치는 맛은 순식간에 시장을 매료시켰다. 그 가격이 치솟아 다른 지역에서 생산된 가짜 진준메이金駿眉금준미도 현재 대량으로 유통되어 진짜와 진위를 구분하기 어려울 정도이다.

위 사진은 산지 중 고지대에서 딴 것으로 싹이 튼실하다. 아래 사진은 산지 중 저지대에서 딴 것으로 싹이 부드럽고 가늘다. 고지대에서 딴 것이 보통 품질이 더 좋다.

산지 : 푸젠성 우이산시 퉁무(福建省 武夷山市 桐木).

뎬훙 滇紅 전홍

윈난성의 메콩강 상류인 란창 강瀾滄江 유역에서 생산하는 궁푸훙차工夫紅茶공부훙차이다.

'뎬滇전'은 윈난성의 옛 이름이다. 이 지역은 지세의 기복이 심하지만 평균 해발 고도가 1000미터 이상이다. 기후는 아열대성으로 강수량이 많아 아침저녁으로는 안개가 자주 껴 고품질의 찻잎이 자란다.

뎬훙滇紅전훙은 아삼 계열의 차나무인 윈난대엽종의 찻잎으로 만든다. 금호가 풍부히 들어 있어 찻빛에 황금빛기가 돌며 화려한 꽃 향이 난다.

뎬훙滇紅전훙의 찻잎은 일반적으로 동그랗게 말려 있지만 최근에는 다양한 형태로 가공한 것들도 등장하고 있다.

위 사진은 '뎬훙진전滇紅金針전훙금침'으로 찻잎이 기다랗다. 아래 사진은 '뎬훙샹추滇紅香曲전훙향곡'로 찻잎이 매듭같이 동그라니 뭉쳐 있다.

산지 : 윈난성 시솽반나현 타이족 자치구 펑칭현(云南省西双版纳縣 泰族自治區 鳳慶縣) 등.

인준메이 銀駿眉 은준미

진준메이金駿眉금준미와 같은 시기에 개발된 차로 일 아이엽으로 찻잎을 따 만든다.

찻잎 500g당 약 5만 잎의 싹이 들어 있으며, 전 과정 이 수작업으로 진행되어 찻잎이 원형 그대로의 모습 을 간직하고 있다.

생잎도 일부 들어가 진준메이金駿眉금준미보다 차의 맛을 제대로 느낄 수 있다. 또 가짜의 유통도 적어 진 준메이金駿眉금준미보다 시장이 비교적 안정적이다. 화려한 꽃의 향과 입에 달라붙는 듯 매끄러운 맛이 일품이다.

산지 : 푸젠성 우이산시 퉁무(福建省 武夷山市 桐木).

촨훙궁푸 川紅工夫 천홍공부

1950년대부터 생산되고 있는 궁푸훙차工夫紅茶공부 훙차이다. 쓰촨성 동남부, 창장강 유역 이남의 이빈시 宜賓市, 장진시江津市, 네이장시內江市, 푸링구涪陵區, 쯔궁시自貢市, 충칭시重慶市에서 생산되고 있다. 특히 이빈시에서 '자오바이젠早白尖조백첨'이라는 품종으 로 생산된 것은 고급품으로 알려져 있다.

품질이 좋은 것은 금호로 가득하여 건조 찻잎에서 도 은은하게 화려한 향이 풍긴다. 여기에 뜨거운 물 을 부으면 가향차로 생각될 만큼 화려히 풍기는 향 과 입안으로 퍼지는 단맛을 즐길 수 있다. 대신 쓴맛 은 없다.

산지 : 쓰촨성 이빈시(四川省 宜賓市) 등.

탄양궁푸 坦洋工夫 탄양공부

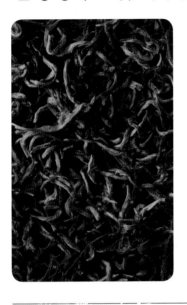

'정허궁푸政和工夫정화공부', '바이린궁푸白琳工夫백림공부'와 함께 '민훙閩紅민홍 3대 궁푸차'이다. '민閩'은 푸젠성의 별칭이며, '민훙閩紅'은 푸젠성의 홍차를 뜻한다. 푸젠성 푸안시福安市의 바이윈 산白雲山 기슭의 탄양촌坦洋村이 원산지이다. 청대 '동치연간同治年間, 1862~1874'에 셴펑현咸豊縣의 후푸씨촌胡福四村에서 홍차를 만드는 데 성공한 이후 유럽으로 수출하여 호평을 받았다. 1970년대에는 이곳에서 녹차를 주로 생산하여 한때 홍차의 생산량이 줄었지만 근년 들어 다시 생산량이 늘고 있다.

향은 용안나무의 열매를 건조시킨 '추이위안桂圓계원' 같은 단 향이고, 맛은 깔끔하고 상쾌하다.

산지: 푸젠성 푸안시(福建省 福安市) 등.

바이린궁푸 白琳工夫 백림공부

민훙 3대 궁푸차이다. 1950년대에 푸젠성 푸딩시 타이무 산太姥山 기슭 바이린촌白琳村에서 만든 것이 시초이다.

당시에는 소엽종을 원료로 만들었지만 20세기에 들어 푸딩다바이차福鼎大白茶복정대백차나 푸딩다하오차福鼎大毫茶복정대호차를 원료로 만들기 시작했다. 품질이 좋은 것은 금색 솜털로 둘러싸인 싹, 금호가 많이 들어 있어 '진시휴金絲猴금사후'라고도 한다.

맛은 떫은맛이 없고 굉장히 달고 부드러우며, 향도 매우 향기롭다.

산지: 푸젠성 푸딩시(福建省 福鼎市).

정허궁푸 政和工夫 정화공부

민훙 3대 궁푸차이다. 푸젠성 정허현을 중심으로 해발 200~1000미터의 산이나 언덕이나 기복이 심한 지역에서 생산되고 있다.

정허궁푸政和工夫정화공부는 '다차大茶대차'와 '샤오차小茶소차'로 나뉘며, 이들 각각은 다른 찻잎을 원료로 만든다.

정허궁푸다차政和工夫大茶정화공부대차는 정허다바이차政和大白茶정화대백차를 원료로 만든다. 찻빛이 검붉고 매우 향기롭다. 정허궁푸샤오차政和工夫小茶정화공부소차는 소엽종을 원료로 만든다. 찻잎이 가느다랗고 기다라며, 치먼훙차祁門紅茶기문홍차와 같은 향이 나면서 맛이 깊이가 있다.

산지: 푸젠성 정허현(福建省 政和縣) 등.

주취훙메이 九曲紅梅 구곡홍매

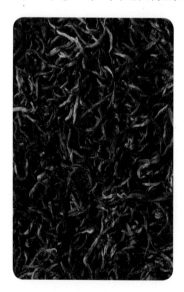

푸젠성 우이 산의 계곡인 주취시가 원산지인 조형 훙차이다.

훙매紅梅와 같은 단 향이 있어 '주취훙메이九曲紅梅구곡홍매'라는 이름이 붙어 현재는 저장성을 대표하는 궁푸훙차工夫紅茶공부홍차가 되었다.

태평천국 시대에 주취시로부터 저장성 항저우의 다우 산大塢山으로 가지를 옮겨가 이식한 것이 그 시초이다.

청명 전후부터 따기 시작하지만 곡우 전후로 딴 것이 가장 품질이 좋다. 찻빛은 연한 황금빛기가 돌며, 향이 독특하고 깊이가 있으며, 맛도 상쾌하다.

산지: 저장성 항저우시(浙江省 杭州市).

첸훙 黔紅 검홍

구이저우성에서 옛날부터 이어져 온 궁푸훙차工夫紅
茶공부홍차이다. '첸黔검'은 구이저우성의 옛 이름이다.
구이저우성 지역은 토양이 홍차를 재배하기에 적합
하여 궁푸훙차工夫紅茶공부홍차 외에도 찻잎이 분쇄
된 '브로큰 홍차black tea_broken'의 산지로 유명하
다. 1970년대에는 중국 6대 주요 생산성生産省이 되
었다.

구이저우성에는 '두윈마오젠都勻毛尖도균모첨' 등 유
명한 녹차가 있지만 첸훙黔紅검홍도 이들과 마찬가지
로 섬세한 찻잎으로 만들어 금호가 듬뿍 들어 있다.
뜨거운 물을 부으면 향이 섬세하면서도 은은히 나고,
맛은 달고 깔끔하다.

산지 : 구이저우성 쭌이시(貴州省 遵義市).

이싱훙차 宜興紅茶 의흥홍차

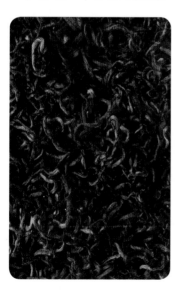

장쑤성을 대표하는 홍차로 '양셴훙차陽羨紅茶양선홍
차' 또는 '쑤훙蘇紅소홍'이라고도 한다. '양셴차陽羨茶
양선차'라는 녹차를 다시 홍차로 만든 것이다. '양셴陽
羨'은 이싱시의 옛 이름이다.

이싱시는 도기제의 극상품 찻주전자인 쯔사후(자사
호) 산지로도 유명한 곳이지만, 또 한편으로는 차호茶
壺를 만들면서 쌓인 피로를 풀고 원기를 회복하기 위
하여 홍차를 즐겨 마시는 곳으로도 유명하다.

밤에도 비유되는 향과 부드러운 맛이 특징이다.

산지 : 장쑤성 이싱시(江蘇省 宜興市).

르웨탄홍차 日月潭紅茶 일월담홍차

이 차에 사용되는 품종인 타이차台茶태차 18호는 타이완이 일본의 식민지로 지배를 받던 시기인 1930년 ~ 1940년경에 개발되었다.

일본 홍차업체 닛토코차日東紅茶의 전신인 미츠이코차三井紅茶의 창업자이자, 농업 기사인 아라이 고키치新井耕吉가 아삼종의 차나무를 타이완으로 옮겨와 자생 차나무와 교배하여 품종을 개량한 것이다.

현재 '르웨탄홍차日月潭紅茶일월담홍차'는 타이차台茶태차 8호, 7호로 만든 것도 있다.

아삼종답게 찻빛이 붉은빛기로 선명하며, 맛은 과일 맛이 나면서 떫은맛은 없다.

산지 : 타이완 난터우현(臺灣 南投縣).

신양홍 信陽紅 신양홍

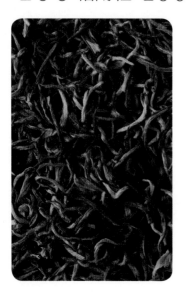

허난성의 차인 신양마오젠信陽毛尖신양모첨으로 만든 비교적 새로운 홍차이다. 2005년경부터 중국 홍차의 붐이 일어나 한때 생산이 중단되었던 홍차도 다시 재현되면서 녹차나 우롱차의 찻잎으로 홍차가 중국 각지에서 생산되었다.

허난성에서는 본래 홍차를 생산하지 않았지만 이 당시의 유행으로 신양홍信陽紅신양홍이 새로운 홍차로 탄생하였다. 비교적 늦게 노엽을 따 만드는 밍차茗茶명차로서 품질이 좋고 찻잎에 금호도 많이 들어 있다. 달콤한 향과 맛을 즐길 수 있는 고급차이다.

산지 : 허난성 신양시(湖南省 新陽市).

화샹홍차 花香紅茶 화향홍차

푸젠성 푸딩시가 산지인 새로운 홍차이다. 우롱차의 원료인 '진관인金觀音금관음', '황관인黃觀音황관음', '진무단金牧丹금모란' 등의 찻잎을 민훙 궁푸차의 제조법으로 새로이 만든 것이다.

찻잎에서는 꽃 향이 난다. 차를 우리면 찻빛은 부드러운 연갈색의 살구빛을 띤다. 맛은 달고 은은하여 진관인金觀音금관음 등 우롱차의 풍미를 느낄 수 있다. 중엽종中葉種의 찻잎으로 만들어 여러 번 우릴 수 있어 오래도록 즐길 수 있다.

산지 : 푸젠성 푸딩시(福建省 福鼎市).

가오산구이페이홍차 高山貴妃紅茶 고산귀비홍차

광둥우롱차廣東烏龍茶광둥오룽차인 링터우단충嶺頭單欉영두단총의 찻잎으로 만든 홍차이다. 4월 중순에서 하순에 딴 찻잎으로 만든다. 기다랗고 큰 잎에 뜨거운 물을 부으면 광둥우롱차廣東烏龍茶광둥오룽차다운 과일의 향이 올라온다. 링터우단충嶺頭單欉영두단총의 화려한 향미를 풍기면서 홍차로서의 맛도 나 맛이 신비하다.

맛은 우아한 이름만큼이나 달고 품위가 있으며 쓴맛이 없다. 여러 번 우릴 수 있어 오래도록 즐길 수 있다. 펑황단충鳳凰單欉봉황단총의 찻잎으로 만든 홍차로는 '쭈이자린醉住人취가인'이 있다.

산지 : 광둥성 메이저우시(廣東省 梅州市).

홍차 편

'진준메이' 카프리치오

2005년에 우이 산의 한 차 농부가 시험적으로 싹만 따 정산샤오중正山小種 정산소종의 차를 만들었다. 그 향이 굉장히 품위 있고 맛도 있었다. 이를 2006년부터 양산하여 시장에 새로이 선보인 것이 중국 홍차 진준메이金駿 眉금준미이다.

우이 산의 고지대인 둥무棟木 지역에서 만들어 생산량이 극히 드물다. 또 '우이 산'이라는 산지의 명성과 '귀한 차'라는 이미지가 프리미엄으로 붙어 인기를 한껏 올리면서 가격도 치솟아 화제가 되었다.

우이 산 정산샤오중正山小種茶정산소종의 차창 출하 가격도 1근(500g)당 2008년은 3800위안, 2009년은 8000위안으로 높이 치솟았다. 그런 가격 폭등과 비례하여 수많은 가짜 상품도 동시에 시중에 나돌았다.

지금은 싹만으로 만든 홍차를 통틀어 '진준메이金駿眉금준미'라 부르며 다양한 상품들이 시중에 유통되고 있지만 원산지의 진준메이金駿眉금준미 는 오직 정산샤오중正山小種茶정산소종의 금호만으로 만든 것이다.

원산지의 진준메이金駿眉금준미는 역사가 짧고 생산량도 적은 차여서 다른 산지의 것이 일반적으로 먼저 출시된다. 가끔 저렴한 진준메이金駿眉금준미를 접하는데, 이는 원산지의 것이 아닌 다른 산지의 것으로 보면 된다.

원산지의 진준메이金駿眉금준미   다른 산지의 진준메이金駿眉금준미

신예 홍차, 우옌정산샤오중

홍차의 원산지라는 우이 산의 정산샤오중正山小種茶정산소종은 생산 과정
에 솔잎을 때워 연기를 피우는 훈연 과정이 있다. 2010년경부터는 그 생산
에도 변화의 바람이 불어 훈연 과정이 없는 우옌정산샤오중無煙正山小種무
연정산소종이 시장에 신예 홍차로 등장하였다.

우옌정산샤오중無煙正山小種무연정산소종은 정산샤오중正山小種茶정산소
종에 비하여 연기의 향이 거의 없는데, 이는 진준메이의 대유행에 영향을
받은 이유로 인해서이다. 또 근년에 중국차 소비 시장의 경향은 바디감이
가벼워지고 있다. 특징이 강한 맛보다 마시기에 무난한 맛이 소비자들에
게 인기를 끌고 있는 것도 그 한 요인으로 분석되고 있다.

우옌정산샤오중無煙正山小種무연정산소종은 정산샤오중正山小種茶정산소
종 가운데서도 등급이 높은 찻잎으로 훈연 과정 없이 만드는 경우가 많아
마시기에 굉장히 편한 고품질의 홍차이다. 이 우옌정산샤오중無煙正山小種
무연정산소종이 인기를 끌면 기존의 정산샤오중正山小種茶정산소종과 함께
두 차가 널리 유통될 가능성이 있다.

달고 과일 향이 나는 리즈홍차

중국의 대표적인 가향차로는 '리즈홍차荔枝紅茶여지홍차'를 들 수 있다. 1960년대에 개발된 차로 찻잎에 '리즈荔枝여지'의 향을 가한 신선한 맛이 매력적이다.

리즈는 중국 원산의 무환자나뭇과 상록수로서 열매는 백색으로 과즙이 많고 향이 독특하다.

리즈홍차荔枝紅茶여지홍차는 과즙을 사용하는 이유로 상하기 쉬워 꿀이나 설탕으로 찻잎을 코팅하기에 뜨거운 물만 붓기만 하면 단맛이 난다. 따뜻이 하여 먹는 방법 외에 아이스티나 뜨겁지 않는 물로 우려내도 맛있게 마실 수 있다.

현재 시중에는 리즈홍차荔枝紅茶여지홍차 외에도 다양한 중국 가향차가 판매되고 있다. 우롱차에 계화 향을 가한 '구이화우롱차桂花烏龍茶계화오롱차'나 장미과인 해당화의 향을 가한 '메이구이우롱차玫瑰烏龍茶매괴오롱차' 등은 해외에서도 각광을 받고 있다.

중국 가향차는 실은 중국 내보다도 일본 등 해외에서 더 다양한 종류로 거래되지만 근년 들어 중국에서도 과일이나 꽃 외에 캐러멜 향이나 초콜릿 향을 입힌 중국차들이 여성을 중심으로 인기가 점점 올라가고 있다.

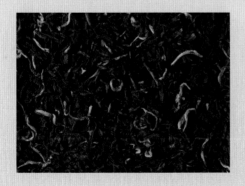

꽃차

花茶 화차[Huāchá]

차의 소개

재스민 꽃과 찻잎을 블렌딩하면 보통 재스민차라 하지만 베이스 찻잎에 따라 재스민차도 그 종류가 다양하다.

모양도 찻잎이 기다란 것이나 '펄재스민차'와 같이 동그랗게 공 모양인 것도 있다. 베이스 찻잎의 등급과 '쉰홑음'이라는 가향을 하는 과정의 횟수가 많고 적음에 따라 여러 등급으로 나뉜다. 높은 등급의 재스민차는 꽃 향을 길게 남기며 맛도 깊다.

효능

기름기가 많은 중국요리를 먹을 경우 함께 마시면 건위 작용으로 위를 튼튼히 하고 지방을 분해한다.

차의 가공 과정에서 생기는 효소는 위장에 좋고 변비 해소에도 효능이 있다. 재스민 꽃의 주성분인 아세톤은 혈압을 낮추는 데도 효능이 있다.

또 재스민의 향에는 자율신경의 긴장을 풀고 스트레스를 해소하는 등 긴장을 이완하거나 집중력을 높이는 효능도 있다. 아침잠이 많아 잠을 떨치지 못하거나 주의가 산만할 경우에는 재스민차를 우려 마시면서 잠시 쉬어 보자.

마시는 법

혼자 자유로이 마시는 경우 컵에 찻잎을 한 줌 넣어 직접 뜨거운 물을 부어 마시는 방식이 베이징(북경) 스타일이다.

고급차일 경우 개완이나 유리 찻주전자로 우리면 여러 번 우려내도 향과 맛을 고스란히 유지할 수 있다. 베이스 찻잎이 새싹인 경우에는 뜨거운 물의 온도를 85도로 맞춰 우리는 것이 좋다.

몰리인전 茉莉銀針 말리은침

바이하오인전白毫銀針백호은침의 찻잎을 초봄에 따 홍청 녹차로 만든 후 '쉰홰음'이라는 과정을 통하여 재스민 꽃 향이 배도록 한 재스민차이다.

푸젠성 푸저우시福州市는 재스민차의 발상지로 약 1000년의 역사를 간직하고 있다. 불교 4대 성화인 재스민 꽃이 진한대秦漢代에 불교와 함께 당시 푸저우 지역으로 전래된 이래 푸저우시는 이후 '재스민의 도시'로 불리었다. 송대에 이르러서는 한방 효능이나 재스민 꽃의 효능이 알려졌고, 청대에는 황제에게 바치는 헌상차에 올랐다.

기후나 요리에는 안성맞춤이어서 베이징에서는 재스민차를 일상적으로 마신다.

산지 : 푸젠성 푸저우시(福建省 福州市).

다바이하오몰리화차 大白毫茉莉花茶 대백호말리화차

정허다바이차政和大白茶정화대백차, 푸딩다바이차福鼎大白茶복정대백차, '푸안다바이차福安大白茶복안대백차' 등 '다바이차大白茶대백차'로 만드는 가장 일반적인 재스민차이다.

싹만 따 만든 높은 등급의 것은 '몰리인전茉莉銀針말리은침', 싹과 잎을 모두 사용한 일반적인 것은 '다바이하오大白毫대백호'로 구분한다. 이 차는 차를 비비는 유념 과정이 몰리인전茉莉銀針말리은침보다 더 길어 찻잎의 모양이 자연스럽다. 싹뿐 아니라 잎도 들어가 있어 진한 맛이 우러나오는 것이 특징이다.

산지 : 푸젠성 푸저우시(福建省 福州市).

몰리슈추 茉莉繡球 말리수구

줄기 부분을 길게 따 하나하나를 묶어 동글게 만든 재스민차의 일종이다.

품질이 좋은 찻잎을 사용하는 고급 재스민차로서 영어로는 '펄재스민티pearl jasmine tea'라 한다. 솜털에 둘러싸인 싹이 새하얗게 보여 '바이룽주白龍珠백룡주'라고도 한다.

푸젠성 산지의 재스민차는 향을 배게 한 다음 꽃을 빼낸다. 시중에 판매되는 차에도 꽃이 들어가 있지 않지만 찻잎이 꽃 향을 충분히 흡수하여 여러 번 우려내도 향이 길게 이어진다.

산지 : 푸젠성 푸저우시(福建省 福州市).

비탄퍄오쉐 碧潭飄雪 벽담표설

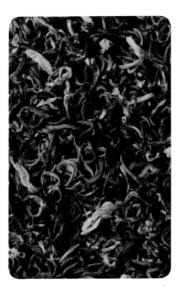

쓰촨성에서 생산되는 매우 아름다운 모습의 재스민차이다. 차를 우리면 찻빛이 파란 호수와 같다 하여 '비탄碧潭벽담', 차 위에 떠 있는 하얀 재스민 꽃은 떠도는 눈과 같다 하여 '퍄오쉐飄雪표설'로 비유하여 시처럼 아름다운 이름이 붙었다.

푸젠성의 재스민차와 마찬가지로 찻잎에 꽃 향을 배게 한 다음에 꽃을 일단 빼내지만 마지막에 장식용 꽃을 다시 넣어 꽃이 듬뿍 들어 있는 것이 특징이다.

1993년에 생산이 시작되어 역사가 짧지만 '가오산뤼차高山綠茶고산녹차'의 싱그러운 맛과 유리잔 속 위에서 떠도는 꽃의 모습은 아름답기로 유명하여 고급 재스민차로 인기를 얻고 있다.

산지 : 쓰촨성 어메이산시(四川省 峨眉山市).

몰리스화 茉莉石花 말리석화

쓰촨성 멍산 산에서 나는 녹차인 '멍딩스화蒙頂石花 몽정석화'를 모차로 하여 탄생한 고급 재스민차이다. 멍딩스화蒙頂石花몽정석화는 청명 전에 딴 싹만으로 만든 녹차이다. 500g을 만들기 위하여 4~5만 잎의 싹이 들 정도로 매우 섬세한 차이다. 당대의 문헌에 멍딩스화蒙頂石花몽정석화로 처음 등장하여 오랜 역사를 자랑하고 있다. 또 중국사상 당대의 유명한 시인 백거이(白居易, 772~846)로부터 격찬을 받았던 화려한 이력도 있다.

찻잎의 모양은 편평하지만 뜨거운 물을 부으면 곧바로 죽림같이 일어선다. 비탄퍄오쉐碧潭飄雪벽담표설와 같이 재스민 꽃이 듬뿍 들어 있어 보기에도 아름답고 화려한 차이다.

산지 : 쓰촨성 야안시(四川省 雅安市).

'꽃이 있는 차, 없는 차'

재스민 꽃 향을 입힌 차를 '재스민차'라 한다. 베이스 찻잎은 기본적으로 녹차이다.

재스민차는 재스민 꽃 향이 나는데 꽃이 있는 것과 없는 것 두 종류로 나뉜다. 이는 산지의 차이로 인한 것이다. 재스민차의 주산지는 푸젠성이다.

베이스 찻잎으로는 다바이차大白茶대백차 품종이 사용된다. 이는 백차에도 사용되는 찻잎이어서 굉장히 부드러운 맛이 난다.

재스민차를 만들 때는 먼저 베이스 찻잎에 재스민의 꽃봉오리를 섞는다. 밤이 오면 섞은 재스민의 꽃봉오리가 벌어지고, 그때 나는 향이 찻잎에 흡수되면서 비로소 찻잎에 꽃 향이 풍부히 배는 것이다.

찻잎에 꽃 향이 배면 기존의 꽃을 빼내고 새로운 꽃봉오리를 흩어 뿌린다. 이 과정을 하룻밤 새에 세 번에서 일곱 번까지 반복하는데 횟수가 늘수록 최상급의 차로 태어난다.

차를 만드는 최종 단계에서 향을 입히기 위하여 넣은 재스민 꽃은 걷어내지만 고급 차인 만큼 찻잎에는 향이 제대로 배어 있어 여러 번 우려도 향이 길게 지속된다.

푸젠성의 재스민차는 이 과정을 통하여 최종적으로 생산된 차에 꽃이 들어 있지 않는 것이 일반적이다. 반면 쓰촨성의 재스민차는 장식용의 꽃이 많이 들어 있다.

비탄퍄오쉐碧潭飄雪벽담표설는 쓰촨성 고산 지역에 자생하는 소엽종의 싹으로 만든 녹차를 베이스 찻잎으로 하여 푸젠성에서 생산한 것보다 녹차의 향미를 강하게 느낄 수 있다. 차를 우려내면 찻빛도 산지에 따라 다르다. 푸젠성의 것은 주황빛이며, 쓰촨성의 것은 초록빛기가 옅게 도는 노란빛이다.

비탄퍄오쉐碧潭飄雪벽담표설는 그 찻빛을 파란 호수, '비탄碧潭벽담'으로, 유리잔 속 차 위에 떠도는 새하얀 재스민 꽃을 떠도는 눈, '퍄오쉐飄雪표설'로 비유하여 이름이 붙은 만큼 재스민 꽃이 듬뿍 들어간다. 향을 입힌 후 꽃을 걷어 내고, 마지막으로 장식용 꽃을 듬뿍 넣는다. 보기에도 아주 화려하다. 같은 재스민차일지라도 실은 여러 종류가 있어 비교하여 마셔 보는 것도 즐거운 일이다.

쓰촨성 산지의 비탄퍄오쉐碧潭飄雪벽담
표설. 꽃 향을 찻잎에 입히고 그 과정이
끝날 무렵에 꽃을 걷어 낸 후 장식용 꽃을
넣어 보기에도 화려하고 예쁘다.

푸젠성 산지의 찻잎. 차를 만드는 과정
의 마지막에 꽃을 걷어 내 꽃은 들어 있
지 않지만 재스민 향을 제대로 입혔다.

공예차

工藝茶 궁이차[Gōngyì chá]

차의 소개

공 모양으로 뭉친 찻잎에 뜨거운 물을 부으면 유리잔 안에서 마치 생명력 있는 생물처럼 기포를 내며 움직이면서 순식간에 아름다운 꽃을 피우는 공예차.

베이스 찻잎은 녹차와 재스민차가 주류이지만 고급 공예차 중에서는 홍차나 백차를 사용한 것도 있다.

찻잎에 다양한 효능을 지닌 아름다운 꽃을 조합하여 마셔도 맛있고, 보아도 아름다우며, 맡아도 향기롭고, 몸에도 이로운 차이다.

공예차의 역사는 의외로 짧다. 1980년대 '공예차의 아버지'로 추앙을 받는, 안후이성의 왕팡성(汪芳生)이 고안한 것이다. 현재 안후이성과 푸젠성에서 주로 생산되고 있다.

효능

녹차는 살결을 보드랍고 촉촉이 하고, 원기를 회복하며, 노화를 방지하는 등의 효능이 있다.

재스민차에는 이에 더하여 꽃 향으로 인한 긴장 이완의 효능도 있다. 사용하는 꽃에 따라 천일홍은 눈이 아플 때 고통을 완화하거나, 금잔화는 혈액 순환을 좋도록 하거나 등 각각 제 효능이 있다.

일반적으로 여성들이 미용의 소재로도 많이 사용한다.

마시는 법

꽃이 피는 개화의 아름다움을 감상하려면 유리 찻주전자나 유리잔이 적합하다.

공예 디자인에 따라 10센티미터 이상으로 꽃봉오리가 벌어지는 것도 있어 어느 정도 깊이 있는 잔이면 개화를 더 아름답게 감상할 수 있다. 중국에서는 내열 유리의 와인 잔으로 즐기는 경우도 있다.

공예차는 장인의 손으로 만들어지기에 처음 우릴 때는 뜨거운 물로 살짝 씻어 낸다 이후 끓는 100도의 물을 꽃이 뒤덮이도록 붓는다. 2~3분이 지나면서 꽃봉오리가 서서히 벌어지면서 피어오른다. 약 세 번 정도 우려내 마실 수 있다. 차를 다 우려내면 여기에 뜨거운 물을 다시 부어 수중화로도 감상할 수 있다.

솽룽시주 双龍戱珠 쌍용희주

동그란 분홍 천일홍의 꽃 양쪽에 새하얀 재스민 꽃이 엉겨 떠도는 모양이 마치 두 마리의 용이 구슬로 노는 것 같다 하여 시적인 이름을 지은 공예차이다.

금잔화의 노랑이 배경 채색을 이루고 있다. 베이스 찻잎은 녹차와 재스민차로 두 종류가 있다.

산지 : 푸젠성 푸딩시(福建省 福鼎市) 등.

단구이퍄오샹 丹桂飄香 단계표향

노란 금잔화의 중심에서 재스민 꽃이 차 속에서 피어오르고 그 제일 위에 천일홍의 분홍 꽃이 활짝 핀다. 둥그런 차의 덩이가 열릴 때 금계꽃도 뜨거운 물속에서 동시에 펼쳐지면서 금계의 단 향이 살며시 나는 향기로운 공예차이다.

베이스 찻잎은 녹차와 재스민차로 두 종류가 있다.

산지 : 푸젠성 푸딩시(福建省 福鼎市) 등.

둥팡메이런 東方美人 동방미인

새하얀 재스민 꽃이 단색으로 사뜻한 모습이 동양 미인의 이미지에 비유하여 이름을 붙였다. 같은 이름의 타이완우롱차臺灣烏龍茶대만오룡차도 있지만 공예차의 둥팡메이런東方美人동방미인에는 그 차가 사용되지는 않으며 특별한 관계도 없다.

베이스 찻잎은 다바이차大白茶대백차 품종의 새싹이다. 차 수면에까지 솟아오르는 재스민 꽃이 이채로운 공예차이다.

산지 : 푸젠성 푸딩시(福建省 福鼎市) 등.

누랑즈뉘 牛朗織女 우랑직녀(견우직녀)

다바이차大白茶대백차 품종의 새싹을 베이스 찻잎으로 하여 황국黃菊에서 분홍의 천일홍이 두 송이의 하얀 재스민 꽃을 거느리며 올라오는 이 차는 견우와 직녀라는 뜻의 '누랑즈뉘牛朗織女 우랑직녀'라는 예쁜 이름의 공예차이다.

중국에서는 밸런타인데이 외에도 칠석에 '칭렌제情人節정인절'라 하여 연인들이 로맨스를 즐긴다고 한다.

산지 : 푸젠성 푸딩시(福建省 福鼎市) 등.

몰리셴탸오 茉莉仙挑 말리선도

베이스 찻잎이 재스민차로 당연히 맛도 재스민차와 같다. 찻잎 중앙에 분홍의 천일홍을 넣은 앙증맞은 분위기의 공예차이다.

중국어로 '셴탸오仙挑선도'란 선인들이 가진 불로장수의 복숭아를 가리키며, 좋은 인연과 결과인 '연기緣起'를 바라는 용어이다.

일본에서도 공예차 가운데서 비교적 많이 유통되는 것으로 가장 대중적인 공예차이다.

산지 : 푸젠성 푸딩시(福建省 福鼎市) 등.

몰리치셴뉘 茉莉七仙女 말리칠선녀

일곱 송이의 재스민 꽃이 마치 일곱 선녀가 살랑살랑 춤을 추고 있는 듯하며 아치를 그리는 환상적인 공예차이다. 찻잎 부분에는 천일홍이나 백국白菊을 넣어 디자인이 조형 미술인 회화를 떠올리게 한다.

베이스 찻잎은 녹차 아니면 재스민차인 경우가 많다. 살랑살랑 흔들리는 하얀 재스민 꽃의 모습은 현혹될 정도로 우아하다.

산지 : 푸젠성 푸딩시(福建省 福鼎市) 등.

바이허셴쯔 百合仙子 백합선자

재스민 꽃 아치 아래 눈에 띄도록 밝은 주황빛의 백합이 서서히 꽃을 피우는 다이내믹하고도 아름다운 공예차이다. 은은한 백합의 향과 맛을 즐길 수 있다.

베이스 찻잎은 녹차 아니면 재스민차이다. 작은 꽃들의 조합이 많은 공예차 중에서도 고급스러운 느낌이 나는 차이다.

산지 : 푸젠성 푸딩시(福建省 福鼎市) 등.

훙무단 紅牡丹 홍모란

1990년대에 등장한 치먼훙차祁門紅茶기문홍차를 베이스 찻잎으로 만든 공예차이다. 베이스 찻잎은 청명에서 곡우 사이에 일아삼엽, 일아사엽으로 딴다. 궁푸훙차工夫紅茶공부홍차의 대표적인 차인 치먼훙차祁門紅茶기문홍차와 중국 국화인 모란의 이미지를 조합한 호화로운 차이다. 베이스 찻잎을 홍차로 사용한 매우 드문 공예차이다.

산지 : 안후이성 치먼현(安徽省 祁門縣) 등.

차 아닌
차류

'차 아닌 차류'의 소개

차tea란 정확히는 찻잎, 카멜리아 시넨시스 차나무의 잎으로 만든 음료를 가리킨다. 실제로는 우리나라나 일본에서 보리차나 메밀차, 삼백초차 등 찻잎이 아닌 잎으로 만든 음료도 차라 한다. 찻잎을 사용하지 않은 이런 차를 '차茶 아닌 차류茶類'라 한다.

카멜리아 시넨시스의 찻잎에는 카페인이 함유되어 있다. 차 아닌 차류는 찻잎을 사용하지 않아 디카페인인 것이 많다. 여기서 소개하는 것은 중국에서 주로 한방의 생약으로 사용되는 '차 아닌 차류'로 모두 디카페인이다.

중국에서는 자신의 몸 상태나 용도에 맞게 이들 차 아닌 차류의 효능을 고려하여 단품(스트레이트)으로 마시거나 찻잎과 블렌딩하여 일상적으로 마시고 있다.

효능

한의학에서는 '말병未病'이라는 의학 용어가 있다. 이는 잠재적인 병, 또는 아직은 아니지만 앞으로 병에 걸릴 수 있는 상태를 뜻한다. 말병 상태의 개선을 중요시하여 몸 상태에 맞게 생약이나 차 아닌 차류로 건강을 유지한다.

마시는 법

단품으로 마시는 일 외에도 찻잎이나 과일 등 다른 식품과 함께 섞어 마시는 수도 있다. 기본적으로 100도의 뜨거운 물을 사용한다.

닝멍펜 檸檬片 레몬편

레몬을 얇게 썰어 말린 편片이다. 중국에서는 '닝먼펜檸檬片레몬편'을 단품으로 우려내 마시거나, 아니면 닝먼펜을 차나 다른 한방 소재와 함께 넣어 마신다. 닝멍펜은 한방에서는 온성으로 분류되어 몸을 따뜻이 하는 효능이 있으며, 주성분인 비타민 C는 멜라닌 색소를 억제하여 피부에도 좋다. 특히 흡연자는 비흡연자보다 비타민 C가 두 배나 필요한데, 닝멍펜을 통하여 섭취할 수 있다. 비타민 C는 콜라겐을 만드는 데 부족하면 주름살이 생기는 요인이 된다. 또 신맛을 내는 구연산은 혈압 강하, 원기 회복, 지방 분해의 효능이 있다. 닝먼펜을 홍차에 넣어 레몬 티로 마시는 것도 좋다.

주 효능 : 피부 미용, 고혈압 예방, 원기 회복, 지방 분해 등에 좋다.

우왕워 勿忘我 물망아

물망초 꽃을 말린 것이다. 중국에서는 허브티의 소재로 사랑을 받고 있다. 단품으로 마시거나 금계, 장미, 재스민 꽃, '궁주貢菊공국', '위후뎨玉蝴蝶옥호접' 등과 함께 마시기도 한다. 궁주貢菊공국는 국화잎을 건조시킨 국화차이다.

비타민 C가 풍부하여 피부 미용에 좋고, 기미 예방에는 특효가 있다. 그 외에 간이나 신장이나 눈에도 좋다. 신진대사를 높이고 노화를 방지하며 면역력을 높이는 효능도 있다. 특히 부인병에는 높은 효능이 있어 여성들에게 인기가 높다.

주 효능 : 피부 미용, 기미나 주름 예방 등에 좋다.

첸르훙 千日紅 천일홍

천일홍 꽃을 말린 것이다. 분홍빛이 예쁘고 사랑스러워 공예차로 사용되는 경우 외에 허브티로도 즐길 수 있다. 기침 해소, 눈 통증 완화, 설사 진정 등 효능이 있다.

분홍 부분은 정확히 말하면 꽃이 아니라 포엽苞葉이다. 포엽은 꽃이 붙어 있는 부분 아래의 잎이다. 보송보송하게 마른 질감으로 건조시켜도 퇴색하지 않아 천일이 지나도 색이 그대로라는 뜻으로 '첸르훙千日紅천일홍'이라 이름이 붙었다. 고대 중국에서는 드라이플라워로 비녀로 사용하였다.

주 효능 : 기침 해소, 눈 통증 완화, 설사 진정 등에 좋다.

쿠과펜 苦瓜片 고과편(여주편)

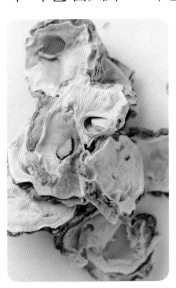

우리나라나 일본에서도 건강 차로 종종 여주차, 즉 '쿠과펜차苦瓜片茶고과편차'를 마신다. 중국에서는 우리나라나 일본과는 달리 쿠과가 굉장히 대중적인 야채로서 주로 덖은 형태로 유통되고 있다.

쿠과는 덖는 과정을 거치면서 고유의 성분을 간직하여 쓴맛이 억제된다. 한방에서는 양성으로 분류하고 있다. 비타민 C가 풍부하여 피부 미용에 좋고 칼륨도 풍부하여 혈당치도 낮춰 준다.

씨앗 부분에는 지방을 분해하는 성분인 리놀렌산 linolenic acid이 함유되어 있어 조깅 등 운동과 함께 음용을 병행하여 다이어트를 할 수 있다.

주 효능 : 피부 미용, 혈당치 저하, 체지방 분해 등에 좋다.

뤄한궈 羅漢果 나한과

광시좡족 자치구 구이린시桂林市 인근에서만 나는 신기한 열매이다. '선센궈神仙果신선과'라고도 한다.

뤄한궈에 함유된 단맛 성분은 설탕의 400배나 되지만 혈당치나 인슐린 분비에 영향이 적고 저칼로리여서 설탕 대용의 건강식품으로서 가루 형태로 판매되고 있다.

목통증에 효능이 좋은 것으로 널리 알려져 있지만 노화 방지에도 효능이 있다. 마실 때는 껍데기와 속 부분도 같이 우려내 마실 수 있도록 껍데기를 깬 뒤에 뜨거운 물을 붓거나 끓인다.

단품으로 우려내 마시거나, 아니면 대추나 구기자 등을 함께 넣어 우려 당도 높은 한방차로 마신다. 또한 고기와 함께 넣어 국으로 끓여 먹을 수도 있다.

주 효능 : 목통증 완화, 노화 방지 등에 좋다.

화궈차 花果茶 화과차

강렬한 색채의 말린 과일과 꽃을 조합하여 보기에도 울긋불긋 앙증맞고 사랑스러워 중국에서는 젊은 여성들에게 큰 인기를 누리고 있다.

무궁화나 해당화 등 한방 소재로 효능이 있는 꽃이나 복숭아, 체리, 블루베리, 사과 등 말린 과일이 함께 섞여 있다. 살결이 좋아지거나 노화를 방지하는 성분이 풍부하지만 신맛이 있어 꿀이나 설탕을 넣어 즐겨 마신다.

세 번 정도 우려낼 수 있지만 차를 다 마신 뒤에는 건더기를 요구르트에 넣어 버무려 먹을 수 있어 마지막 순간까지 즐거움을 선사하는 차이다.

주 효능 : 피부 미용, 노화 방지 등에 좋다.

캉바이주 抗白菊 항백국

저장성 산지의 한약재이다. 국화차는 중국에서는 아주 대중적이며, 레스토랑의 메뉴에는 꼭 있다고 하여도 과언이 아니다. 싱그러운 향과 찻주전자 안에서 피우는 꽃 모양이 아름다워 일반인들로부터 많은 사랑을 받고 있는 차이다. 단맛 속에 국화 특유의 쓴맛이 있어 레스토랑에서는 얼음설탕을 작은 접시에 담아 같이 낸다. 국화는 눈의 충혈이나 피로를 해소하고, 위가 쓰릴 때는 소염 효능이 있다. 구기자와 함께 넣어 마실 경우에는 벌건 열매와 색조 대비를 이루어 예쁘다. '주푸菊푸국보'는 푸얼수차普洱熟茶보이숙차에 국화꽃을 넣어 숙성 차의 독특한 향을 국화 향으로 누그러뜨려 부드럽게 만든 것이다.

주 효능: 눈 충혈 및 피로 해소, 위 통증 완화, 피부 미용에 좋다.

산자펜 山査片 산사편

대추와 함께 중국에서 가장 대중적인 과일로 강한 신맛이 있다. 이 신맛의 성분은 구연산으로 위액의 분비를 촉진하여 소화를 돕는 건위 효능이 있다.

또 타닌이나 구연산은 설사를 멎게 하고, 장의 기능을 정상으로 돌려 장을 깨끗이 하며, 혈관을 확장하여 동맥경화를 예방하는 효능도 있다.

폴리페놀류인 '루틴rutin'도 함유되어 있어 면역력 증강 작용이나 혈압 강하 작용도 기대할 수 있다. 과일차나 '바바오차八寶茶팔보차'에 넣어 마시거나 뜨거운 물에 단품으로 몇 개 넣어 마시는 등 일상적으로 많이 마신다.

주 효능: 소화 촉진, 설사 진정, 장 청소에 좋다.

메이구이 玫瑰 매괴 (해당화)

메이구이는 장미과인 야생 해당화의 꽃봉오리로서 고대로부터 여성들이 젊음을 유지하기 위하여 사용해 왔다.

메이구이는 몸을 따뜻이 하여 혈액 순환을 좋게 하고, 생리 불순이나 생리 전 우울할 때 기분을 호전시킨다. 또 장미와 비슷한 단 향은 긴장을 이완하여 기분을 차분히 가라앉힘과 동시에 스트레스로 인한 위통도 완화한다.

뜨거운 물에 메이구이를 듬뿍 넣어 호화롭게 꽃차로 마시거나 아니면 홍차와 함께 마시거나 잼을 만든다. 여성에게 딱 들어맞는 차이다.

주 효능 : 혈액 순환 촉진, 생리통 완화, 긴장 이완에 좋다.

위후뎨 玉蝴蝶 옥호접

흰나비의 얇은 날개와도 같은 모양이지만, 이는 '당나팔백합과Chinese trumpet lily' 식물의 종자이다. '무후뎨木蝴蝶목호접', '쳰장즈千張紙천장지'라고도 한다.

기침이 잦거나 목이 아플 때 좋으며, 한방의 생약인 '반대해胖大海'와 함께 마시기도 한다. 살결을 보드랍도록 하고, 세포의 노화를 늦추며, 신진대사를 촉진한다. 또 체지방을 분해하여 다이어트 효능도 있다. 이로 인하여 여성들에게 많은 인기를 얻으며 공예차로 사용되기도 한다. 다른 차와 함께 넣어 꽃차로 만들면 찻주전자 안에서 흰나비가 빙글빙글 도는 듯이 아름다운 광경에 찬탄하지 않을 수 없다.

주 효능 : 목통증 완화, 피부 미용, 체지방 분해에 좋다.

궁주 貢菊 공국

'황산궁주黃山貢菊황산공국' 또는 '웨이저우궁주微州貢菊미주공국'라고도 한다. 안후이성의 특산물로 명대에는 황제의 헌상품으로 세상에 이름을 날렸다.

해발 고도가 높은 지역에서 자란 국화로서 우리면 찻빛이 맑은 노랑으로 빛나고, 맛은 달고 싱그러우면서 그윽한 국화 향이 묻어난다. 열을 발산하는 효능이 있어 감기에 걸렸거나 눈이 피로할 경우에 좋다.

또 피부를 촉촉이 해 주고 안색을 좋게 하는 등의 효능도 있어 고대로부터 미백 음료로 사용되었다.

주 효능 : 해열, 눈 피로 회복, 미백 등.

쿤룬쒜주 崑崙雪菊 곤륜설국

쿤룬 산맥의 해발 3000미터에 자생하는 지름 1센티미터 정도의 국화꽃을 말린 것이다. 연중 8월에 한 번만 피고, 이른 아침에 안개와 서리가 잦은 상태가 아니면 제대로 된 꽃잎을 딸 수 없다.

혈압을 내리고 혈중 콜레스테롤 농도를 내리는 효능이 있어 2009년부터 중국에서는 대유행이 일어 지금은 귀하다. 과도한 음주로 인한 간 손상이나 안면 변색의 회복에 효능이 있다. 홍차와도 같은 깊은 맛에 싱그러운 국화 향을 만끽할 수 있다.

주 효능 : 혈압 강하, 혈중 콜레스테롤 농도 강하에 좋다.

쿠딩차 苦丁茶 고정차

비틀어진 찻잎의 모양을 '딩丁정'이라고 하며, 쿠딩차 苦丁茶고정차는 찻잎이 비틀어진 모양의 맛이 쓴 음료를 이른다. 보통 '이예차一葉茶일엽차'라고도 한다.

일아삼엽, 일아사엽으로 찻잎을 따고 반지같이 링 모양이나 나선형으로 비틀어진 인삼 모양도 있다. 당대에 이미 마셨다는 기록이 있는 오랜 전통의 건강 음료이다.

두통 해소나 눈이 쉽게 피로해지는 증세인 '안정피로眼精疲勞'의 회복에 좋고, 해독 작용이 있으며, 감기나 비염 치료 등에도 좋다. 열을 내리고, 설사를 멎게 하며, 기침을 멈추고, 변비를 방지하며, 혈액 순환을 촉진하여 혈압을 내리는 등 효능이 다양하다.

주 효능: 두통 해소, 눈의 피로 회복 등에 좋다.

진인화 金銀花 금은화

인동 넝쿨의 꽃봉오리를 말린 것이다. '훙진인화紅金銀化홍금은화', '황마이진인화黃脈金銀花황맥금은화', '바이인화白銀花백은화' 등의 종류가 있다. 바이인화白銀花백은화가 일반적으로 가장 품질이 좋다.

꽃이 피면 꽃잎이 은같이 하얗고도 금같이 노랗게 변하여 '진인화金銀化금은화'라 이름이 붙었다. 해열이나 건위, 이뇨 작용, 피부 건강에 좋다고 하여 감기로인한 발열이나 오한, 목이 아플 때 등에 마신다.

강력한 항균 작용이 있어 농양 등으로 인하여 몸이 쑤시는 '동통疼痛'이나 세균성 설사, 급성 장염 등으로 인한 설사에도 진하게 우려 마시면 좋다.

주 효능: 해열, 건위, 이뇨, 피부 건강, 항균 등에 좋다.

샤오예쿠딩 小葉苦丁 소엽고정

새싹만으로 만든 쿠딩차苦丁茶고정차의 한 종류로 '칭산뤼수이靑山綠水청산녹수'라고도 한다.

주산지는 쓰촨성, 구이저우성, 윈난성으로 뜨거운 물을 부으면 아름다운 새싹이 유리잔 안에서 살며시 살아난다. 쿠딩차苦丁茶고정차보다도 맛이 더 달고 부드럽다.

원기 회복, 다이어트, 노화 방지 외에 신진대사의 촉진이나 혈압, 혈당, 콜레스테롤을 조절하는 효능이 있다. 부드러운 새싹을 사용하여 우린 후의 잎도 먹을 수 있다. 목 넘김이 부드럽고 산나물같이 신선한 맛이다.

주 효능 : 원기 회복, 여윈 몸 개선, 노화 방지, 신진대사 촉진 등에 좋다.

구이화 桂花 계화

계화의 꽃이다. 독특한 단 향이 있어 단품으로 뜨거운 물을 부어 마시거나, 아니면 홍차나 우롱차와 블렌딩하여 시럽으로 만들어 요리나 과자, 술 등에 첨가하는 등 중국에서는 다양하게 사용한다.

눈의 피로를 풀어 주고, 지친 간의 상태를 정상으로 돌아오게 한다. 이외에도 피부 건강이나 미백에 효능이 월등하여 여성들이 특히나 좋아한다. 또 위염이나 저혈압 장애 개선에도 좋다. 향의 긴장 이완 효능으로 수면장애 개선에도 이용된다.

주 효능 : 안정피로 회복, 피부 건강 등에 좋다.

타이주 胎菊 태국

캉바이주抗白菊항백국의 꽃봉오리 상태를 '타이주胎菊태국'라 부르고, 10월 말에 처음 따는 것은 품질 좋아 '타이주왕胎菊王태국왕'이라 한다.

국화에는 강한 살균 작용이 있어 일본에서도 횟감에 국화를 곁들이듯이 이로써 양치질을 하거나 마시면 겨울 건조기에 감기나 독감을 예방할 수 있다.

봄에는 몸의 습기를 줄이고, 여름에는 갈증을 해소하며, 가을에는 건성 피부를 막아 주고, 겨울에는 잉여 체열을 제거하여 사계절 내내 마시는 효능을 볼 수 있다. 안정피로를 해소하거나 위통을 진정하거나 미백 등의 효능이 있다.

주 효능: 감기, 독감 등을 예방하는 데 좋다.

거우치쯔 枸杞子 구기자

중국에서는 단품으로, 또는 국화차와 함께 마신다. 요리나 과자나 술 등에 넣는 생약으로도 사용한다. 건조시킨 형태로 유통되고 있으며, 뜨거운 물을 부으면 건포도와 같은 단맛과 신맛이 난다.

살결을 보드랍도록 하고 피부 상태를 개선하여 얼굴에 윤기가 돌도록 촉촉이 하는 등 노화 방지 효능이 있다. 강장 효능도 유명하여 거우치쯔枸杞子구기자를 담근 술도 있다.

안정피로를 해소하고, 원기를 회복시켜 일상적으로 마시는 사람들이 많다.

주 효능: 미백, 강장에 좋다.

몰리화 茉莉花 말리화

재스민 꽃이다. 재스민차로도 유명하듯이 찻잎을 블렌딩하거나 볶아 먹기도 한다.

향의 주성분인 '벤질아세테이트benzyl acetate'는 자율신경의 긴장을 완화하고 집중력을 높이는 것 외에도 두통이나 복통을 완화한다.

기분 전환이나 긴장 이완의 효능도 있어 휴식을 취하고 싶을 때나 잠자리에 들기 전에 마시는 것도 좋다. 여성 호르몬의 균형을 조정하고 갱년기 장애를 개선하는 데에 좋다.

주효능: 집중력 상승. 긴장 이완 등에 좋다.

제3장

the infusing way of Chinese tea

중국차 우리는 방식

중국차는 왠지 우려내는 일이 어려울 듯한 예감을 가질 수 있지만 실은 아주 간단히 우려내 즐길 수 있다.

중국인들은 혼자 자유로이 마실 경우에는 그냥 찻잎을 유리잔에 곧바로 넣어 우린다. 손님을 접대하는 경우에는 다기를 사용하여 찻잎을 서서히 우린다. 이 같이 차는 상황에 따라 우리는 방법을 달리한다.

긴장을 풀고 마음을 놓아 일상을 자유로이 보낼 수 있다는 점이 차가 지닌 가장 큰 장점이다. 자신에게 맞는 각자의 방법으로 차를 우려 마시면서 즐겨 보기 바란다.

맛있게 우려내는 조건

중국차를 제대로 마셔 보고 싶지만 마시는 방식이 꽤 어려울 것 같다는 느낌이 들지는 않았는가?

이는 아마도 다도茶道 등에서 볼 수 있는 궁푸식의 느낌이 강해서일 수도 있다. 그러나 중국차도 보통의 차와 마찬가지이다. 찻잎 양, 뜨거운 물의 온도, 물의 양, 그리고 우리는 시간이 적당하면 특별한 다기나 기술이 없어도 차를 맛있게 우릴 수 있다.

혼자 가벼운 마음으로 자유롭게 마신다면 유리잔에 찻잎을 직접 넣어 마셔도 좋고, 더운 여름날에 냉장고에 넣기만 하면 되는 적당 온도의 물로 간단히 우리는 것도 좋다.

뜨거운 물의 온도는 싹이 듬뿍 든 섬세한 차의 경우는 80도 전후로, 다 자란 찻잎이 많이 든 차의 경우는 100도로 끓인 물을 사용하는 것이 좋다.

중국차에서는 찻잎을 우리기에 앞서 처음에 씻는 모습을 본 적이 있을 것이다. 이는 '세차'라는 과정으로서 창고에 보관하여 숙성시킨 흑차의 경우 먼지나 이물질이 있어 반드시 씻어 내는 것이다. 공예차도 이 과정을 거쳐야 하는 경우가 많다.

또 중국차에는 '윤차'라는 과정도 있다. 어떤 찻잎은 뜨거운 물로도 풀어지는데 시간이 걸려 보다 맛있고 향기롭게 우리기 위하여 처음에 뜨거운 물로 살짝 데치는 것이다.

특히 백차의 경우에 찻잎을 비비는 유념 과정이 없어 우러나오는 데 시간이 걸려 윤차를 거친다. 또 청차의 경우에도 찻잎이 크고 두꺼워서 우러나오는데 시간이 걸쳐 윤차를 한다. 그 외의 차는 첫 물부터 차를 맛있게 우릴 수 있어 일반적으로 윤차를 하지 않는다.

일단 차를 우려 보자. 이어 찻잎의 양, 뜨거운 물의 온도와 양 등을 기호에 맞게 달리하면서 결국에는 자신에게 맞는 좋은 차를 우릴 수 있다.

	녹차	백차	황차	청차(우롱차)	흑차	홍차	꽃차	공예차
뜨거운 물의 양과 찻잎의 양1)	200cc 기준 약 3g	200cc 기준 약 3~5g	200cc 기준 약 3g	110cc 기준 약 5g	110cc 기준 약 3~5g	110cc 기준 약 3g	200cc 기준 약 3g	350cc 기준 1개
온도	80도	90~95도	80도	90도	100도	80~100도	90~95도	100도
세차	불필요	불필요	불필요	윤차	필요	불필요	불필요	필요
우리는 시간	약 1~3분	약 1분 (바이하오인전 白毫銀針백호은침은 약 5분)	1~5분	45초~5분2)	10초~	약 30초~1분	약 30초~1분	3~5분
우릴 수 있는 횟수	약 3회	약 8회	약 3회	약 10회	약 10~20회	약 5회	약 5회	약 3회
찬물로 우리기	○	×	△	○	×	○	○	×
적당한 다기	유리잔, 개완, 유리 찻주전자	유리잔, 개완, 유리 찻주전자	유리잔, 개완, 유리 찻주전자	개완, 자호	개완, 자호	개완, 유리 찻주전자	유리잔, 개완, 유리 찻주전자	유리 찻주전자
유통 기한	저온 보존 기준 1년	장기 보존 가능	저온 보존 기준 1년	장기 보존 가능3)	장기 보존 가능	장기 보존 가능	상온 보존 기준 2년	상온 보존 기준 2년

1) 녹차, 백차, 홍차는 유리잔, 청차, 흑차는 1~3인용 크기의 개완, 공예차는 찻주전자를 사용하는 것으로 가정하였다.

2) 우려낼 경우 첫 번째와 두 번째는 같은 시간 길이로, 세 번째 이후부터는 시간을 더 길게 한다.

3) 청차는 엔자쿵총차와 같이 잎이 덜 익어서 찻잎이 까만 차는 장기적으로 보존할 수 있지만 안시테관인같은 안시철관음과 같이 찻잎이 초록인 차는 길어야 약 1년이다.

차에서 물의 위력

외국에 나가 마실 적에는 맛있던 차도 자기 나라에 가져오면 맛있지 않은 경험이 있을 것이다. 그 원인 가운데 하나가 바로 물의 차이이다. 같은 찻잎이라도 우리는 물로 인하여 차의 맛과 향이 변할 정도로 차에서 물은 큰 위력을 발휘한다.

물은 크게 경수(센물)과 연수(단물)로 나뉜다. 물이 미네랄 성분 중 칼슘과 마그네슘을 얼마나 많이 함유하고 있는지에 따라 분류한 것이다.

차에는 타닌이 함유되어 있다. 타닌이란 대부분의 식물에 함유된 폴리페놀 계의 총칭으로 칼슘과 결합하기 쉬운 성질이 있다. 이로 인하여 차를 칼슘 함유량이 많은 센물로 우리면 찻빛이 진해진다.

차에 많이 함유된 카테킨도 타닌의 한 종류로 칼슘과 결합하면서부터 떫은

센물   단물

녹차

맛이 약해지고 풍미가 바뀌어 향도 약해진다. 센물로 차를 우리면 찻빛이 진해지는 대신에 떫은맛과 향이 약해진다. 반면 단물로 우린 경우에는 찻빛이 연해지는 대신에 떫은맛이나 향이 강해진다.

중국은 센물의 나라이며, 우리나라와 일본은 단물의 나라이다. 이로 인하여 같은 찻잎으로 차를 우려도 나라마다 맛이나 찻빛에 차이가 있다. 물론 예외도 있다.

푸젠성은 중국 대륙에서도 물의 경도가 가장 낮은 지역으로, 특히 홍차의 발상지 우이 산에서는 수돗물로 우려도 차의 맛이 좋다. 품질이 좋은 중국차라도 경도가 낮은 물로 우려야 맛이 좋다.

또 센물은 차의 풍미를 어느 정도 억제하여 역으로 등급이 낮은 찻잎의 경우 센물로 우리면 오히려 단점을 가려 보다 더 맛있게 마실 수 있다.

센물   단물

흑차

가장 간단한 다기 _ 유리잔

적당한 차 : 녹차, 황차, 바이하오인전白毫銀針백호은침, 재스민차, 공예차.

유리잔은 투명하여 찻잎을 감상할 수 있어 아름다운 찻잎을 우리는 데 적당하다. 손님과 함께 마신다면 차를 유리 공도배에 옮기고, 혼자 홀가분히 마신다면 유리잔에 직접 입을 대 마셔도 좋다. 유리잔으로 우리는 법은 세 가지가 있지만, 여기서는 자주 쓰는 중투법을 소개한다.

● 중투법으로 유리잔에 우리는 방법

❶ 내열 유리잔을 사용한다. 유리 공도배나 거름망이 있으면 편하다.

❷ 뜨거운 물로 따뜻이 한 유리잔에 약 3분의 1 정도 높이로 뜨거운 물(약 80도)을 붓는다.

❸ 찻잎을 적당량으로 넣는다.

❹ 가볍게 흔들어 찻잎을 풀리게 한다.

❺ 다시 뜨거운 물(약 80도)을 붓는다.

❻ 녹차는 약 1분 전후, 바이하오인전白毫銀針백호은침은 약 5분 전후로 우러나오기를 기다린다.

❼ 유리 공도배에 차를 옮긴다. 아니면 유리잔 채로 입을 대고 마셔도 좋다.

❽ 아름다운 찻빛의 맛있는 차가 완성되었다.

요점 사항

사진(왼쪽) : 찻잎이 서서히 풀리는 광경을 감상하여 보자. 찻잎이 풀려 바닥으로 모두 내려갈 때까지 우려 마실 수 있다.

사진(오른쪽) : 세 종류의 우리는 법 중 어느 방법으로 우릴지는 찻잎을 뜨거운 물에 넣었을 때의 상태를 보면 알 수 있다. 사진과 같이 찻잎이 곧바로 가라앉는 경우 뜨거운 물을 먼저 넣는 상투법으로 우린다. 비뤄춘碧螺春벽라춘 등이 이에 해당한다. 반대로 뜨는 찻잎의 경우는 하투법으로 우린다. 그 중간인 것은 중투법으로 우린다.

우리는 방법 설명

상투법 : 유리잔에 먼저 뜨거운 물을 부은 뒤 그위에 찻잎을 넣는 방법.

하투법 : 유리잔에 먼저 찻잎을 넣은 뒤 뜨거운 물을 단번에 붓는 방법.

중투법 : 유리잔에 먼저 뜨거운 물을 3분의 1 정도 부은 뒤 찻잎을 넣고 이어 다시 뜨거운 물을 붓는 방법.

보다 간단하고도 편리한 멀티 티 서버

공도배와 거름망의 기능을 모두 갖춰 차를 책상에서도 간편하게, 제대로 즐길 수 있는 용품이 '멀티 티 서버'이다. 이것을 사용하면 차를 원스톱으로 맛있게 우려내 마실 수 있어 바쁜 일상 속에서 매우 편리하여 좋다.

사용법은 간단하다. 멀티 티 서버 상부에 찻잎을 넣어 뜨거운 물을 붓는다. 차가 우러나면 버튼을 눌러 우린 차를 아래로 떨어뜨려 찻잎과 차를 분리한다. 차를 흘릴 걱정도 없다.

어떤 차라도! 만능 다기 _개완

적당한 차 : 모든 차.

다양한 다기 중에서 어떤 것을 구입하여야 할지 갈피를 잡지 못할 경우에는
개완을 권한다. 이 개완은 어떤 차에도 어울리는데, 다만 우리는 데에 약간의
요령을 익힐 필요가 있다. 한번 요령을 익히면 그 어떤 차라도 자연스럽게 우려
낼 수 있다.

중앙의 하얀 뚜껑이 있는 다기가 개완이다.

어떤 차라도, 누구라도 우릴 수 있는 일체형 개완은 인기 만점!

모든 차를 우릴 수 있지만 익숙지 않으면 차를 다루기가 어
려운 개완. 요즘에는 그 진화형으로 거름망이 있는 일체형
개완이 등장하였다. 이것 하나면 세련된 기술도 필요 없어
어떤 차라도, 누구라도 아주 간단히 차를 우릴 수 있다.

다기를 뜨거운 물로 따뜻이 데운 다음에
적당량의 찻잎을 넣는다. 뜨거운 물을
부어 차가 우러나면 공도배나 찻잔에 붓
는다. 차가 흘리지 않도록 설계되어 초
보자도 마음 놓고 사용할 수 있다.

● 개완으로 모든 차를 우리는 법

❶ 개완을 뜨거운 물로 따뜻이 데운 후, 찻잎을 넣는다.

❷ 차에 적당한 온도의 물을 붓는다.

❸ 떫은맛의 잿물이 나오는 차라면 빙빙 흔들어 잿물을 흘려 낸다. 뜨거운 물을 넣었을 경우에 많이 나는 거품은 떫은맛을 내는 잿물로서 흘려 내도록 한다.

❹ 차에 따라 적당한 시간으로 우려낸다.

❺ 거름망을 사용하여 공도배에 차를 붓는다. 찻잔 등 직접 마시는 잔에 부어도 된다.

❻ 맛있는 자가 완성되었디. 개안에 남은 찻잎의 빛깔이나 향을 즐겨 보자. 다음에 우릴 때까지 시간이 비는 경우는 이렇게 뚜껑으로 열어 놓으면 된다.

여름철에 딱 맞는다기 _ 물병

적당한 차 : 녹차, 향이 좋은 우롱차, 재스민차 등.

빈 페트병이나 물병을 사용하면 전문 다기 없이도 손쉽게 우릴 수 있다. 차게 하면서도 우릴 수 있어 더운 여름철에 많이 사용한다.

시장에서 판매되는 탄산수에 찻잎을 넣고 제법을 똑같이 하면 청량 스파클링 티가 된다. 특히 향이 강한 재스민차를 사용한 스파클링 티는 각별한 손님을 맞이할 경우에 좋다.

페트병에 찻잎을 직접 넣어 냉장고에 넣기만 하면 된다. 물 500cc에 대하여 찻잎 3g(홍차의 경우 5g)을 넣어 하룻밤 묵히는 것이 좋다. 서서히 우러나 달달하면서도 시원하다.

딱딱한 병차, 어떻게 마실까?

빵 접시처럼 크고 딱딱한 병차(차병). 특히 흑차는 대부분이 병차로서 포장재가 깜찍하여 선물로도 인기가 높다. 다만 병차를 샀으면서도 대체 어떻게 떼어 내 차로 우려 마셔야 할지 난감한 경우가 많다.

병차는 너무 딱딱한 나머지 잘못 부러지기도 하고, 또 힘이 너무 세면 부스러지기도 한다. 정확히 부수는 법만 알면 힘 안 들이고도 쉽게 원하는 만큼 뗄 수 있다.

❶ 병차는 위에서 내리눌러 압축한 것으로서 찻잎이 층층이 겹쳐 있다. 그 찻잎의 층을 부서지듯이 빼내는 것이 관건이다. 우선 옆에서 찻잎의 층면에 보이나이프(버터나이프나 포크도 가능)로 낀다.

❷ 보이나이프를 가볍게 위아래로 움직이면 찻잎의 층이 부서지는데, 이것을 손으로 집는다.

❸ 부서진 찻잎 덩이를 뽑아낸다.

❹ 찻잎이 산산조각이 나지 않도록 가능하다면 잎 상태를 유지하면서 뽑아내야 차를 맛있게 즐길 수 있다. 이것이 차 한 잔의 분량이다.

애호가가 키우는 다기 _ 차호

적당한 차 : 우롱차,
푸얼차普洱茶보이차.

자사호와 같은 차호는 향을 잘 흡수한다. 최초에 우린 차가 있다면 그 차의 전
용 차호로 사용한다. 나중에 다른 차를 그 차호에 우리면 향들이 섞인 향이 그
대로 차호에 배어 남는다. 이를 막고 많은 종류의 차를 우리려면 그 종류의 수
만큼이나 차호가 필요하다.

중앙의 접시 위에 놓인 것이 차호이다.

애호가들이 키우는 차호

하나의 차호에 한 종류의 차만 계속 우리면서 차호를 아끼며 소중히 다루는 일을 중국에서는
'양후養壺양호'라 한다. 이 용어의 뜻은 '차호를 키운다'는 것이다.
사용하면 할수록 한 종류의 찻잎 향이 배어 더욱더 향기로워지는 차호. 차 애호가들은 오직
하나의 차만 계속 우려내며 차호를 소중히 키워 나간다. 굉장히 우아하고 호화로운 문화
양식이다.

● 차호로 차를 우리는 법

❶ 차호를 뜨거운 물로 따뜻이 데운다. 찻잎이
흘리지 않도록 차루茶漏를 차호 위에 올린다.

❷ 찻잎을 넣는다. 우롱차의 경우 차호의 반 정도나
아니면 3분의 2 정도 넣는다.

❸ 뜨거운 물을 차호가 가득 차게 붓는다.
떠 있는 거품은 잿물이어서 걷어 낸다.

❹ 입구 부분을 따라 뚜껑을 빙빙 돌려 잿물을
거른다.

❺ 뚜껑을 닫은 차호 위에 뜨거운 물을 부어
안의 차를 뜸 들인다.

❻ 거름망을 사용하여 유리 공도배에 부은 후
찻잔에 넣어 마신다.

화려하고도 격식 있는 다도 _ 궁푸식

다도관 등에서 전문가들이 행사를 통하여 보여 주기 위하여 우리는 격식 있는 방식이다. '우롱차 36식'이라는 우롱차 특유의 우리는 방식도 있다. 모습이 아름답고 각 과정에 붙은 이름도 뜻이 깊다. 여러 유파가 있고, 강사나 다도관에 따라서도 다르다.

정통 궁푸식의 다기 배치.
찻잔은 문양이 손님을 정면
으로 향하도록 놓는다.

● 정통 궁푸식으로 우리는 법

❶ 손님을 맞이하며 자리에 앉는다.
❷ 향을 피우고, 기분을 차분히 가라앉힌다.
❸ 물을 끓인다.
❹ 음악을 틀어 놓는다.

❺ 찻잎을 차하茶荷에 옮겨
　소개한다.

❻ 차호에 뜨거운 물을 부어
　따뜻이 한다.

❼ 품명배品茗杯에 뜨거운 물을
　옮겨 따뜻이 한다.

❽ 주전자에 찻잎을 넣는다.

❾ 찻잎에 뜨거운 물을 붓는다.

❿ 문향배로 찻물을 옮겨 따뜻
　이 한다.

⓫ 마실 때 사용하는 뜨거운
　물을 차호에 붓는다.

⑫ 수면의 잿물을 걷어 낸다.

⑬ 차호에서 넘친 잿물을 흘리어 버린다.

⑭ 문향배의 뜨거운 물을 차호의 뚜껑 위로 붓는다.

⑮ 품명배의 뜨거운 물을 버린다.

⑯ 차호를 흔들어 차의 농도를 고르게 한다.

⑰ 문향배에 차호 속 차를 나눠 붓는다.

⑱ 차호를 흔들어 다시 차의 농도를 고르게 하여 두 방울씩 문향배에 붓는다.

⑲ 차탁에 넣어 차를 나눠 준다. 손님이 있는 경우 품명배는 오른쪽에 놓는다.

⑳ 자신의 품명배를 왼쪽에 놓는다.

㉑ 품명배를 거꾸로 뒤집는다.

㉒ 품명배로 문향배를 덮는다.

㉓ 품명배와 문향배를 함께 쥐고 뒤집는다.

㉔ 뒤집은 문향배를 손에 쥔다.

㉕ 양손의 손바닥으로 문향배를 굴리면서 향을 맡는다.

㉖ 품명배를 엄지와 검지와 약지의 세 손가락으로 쥔다.

㉗ 남녀가 쥐는 법이 다르다. 남성이 쥐는 법은 잔을 꽉 쥔다.

㉘ 여성이 쥐는 법은 세 손가락으로 가볍고 우아하게 쥔다.

㉙ 찻빛을 감상한다.

㉚ 세 번에 나눠 차를 마신다.

㉛ 두 번째 우린다.

㉜ 공도배에 차를 넣는다.

중국차의 다기

일상의 다기

개완蓋碗

차를 우리는 찻주전자로도, 그대로 들고 마실 수 있는 찻잔으로도 가능한 만능의 다기이다.

찻주전자로 사용할 경우에는 뚜껑을 조금 열어 그 사이로 차를 붓는다. 본체 가장자리의 각도가 너무 직각이면 차를 부을 때 손가락으로 뜨거운 물이 흐르기 쉬워 이처럼 바깥으로 벌어진 것을 권한다.

자기로 만든 것은 향이 배지 않아 여러 종류의 차를 우릴 수 있어 하나 장만해 놓으면 아주 편리한 용품이다.

공도배公導杯와 거름망

개완이나 차호나 유리잔 등으로 우리는 경우 적당한 농도에 이르면 공도배 또
는 차해茶海라는 다기로 차를 옮긴다. 그러면 농도가 고르게 되면서도 서서히
진해져 마지막에는 차에서 떫은맛이 사라진다. 특히 몇몇 적은 수의 손님을
맞이하는 경우에는 이것이 있으면 아주 편리하다.

거름망은 스테인리스제가 일반적이지만 도기제나 엉기도록 디자인한 것도
있다. 일반적인 거름망을 사용하여도 물론 상관없다.

차하茶荷

차 상자에서 갓 꺼낸 차를 잠시 담거나 손님이 차를 보면서 감상하도록 담는 다기이다.

아름다울 뿐 아니라 손안에 꼭 쥘 만한 앙증맞은 크기로 가장자리가 안으로 오므라져 있어 찻잎을 개완이나 차호에 넣기에 편하다. 하나하나의 모양이 미묘하면서도 달라 아름다움을 감상하는 즐거움도 있다.

차배茶杯

차를 마시기 위한 잔으로 품명배라고도 한다. 일본 찻잔에 비하여 크기가 작다. 중국에서는 손님에게 차를 항상 따뜻이 마실 수 있도록 대접하는 고유의 다도가 있어 한 번에 마실 수 있는 양만큼만 담기도록 하여 크기도 작다.

박쥐나 금붕어나 복숭아 등 여러 길상의 동식물들이 그림으로 장식되어 있다. 가장자리의 두께가 얇아 차의 맛이 더욱더 섬세히 입술로 전해지면서 내면은 새하얘 찻빛이 더욱더 선명해진다.

차관茶罐

원통형의 차 보관 용기나 작은 차 항아리를 가리킨다. 찻잎은 햇빛이 없는 곳
에 보관하는 것이 좋아 이런 차관에 넣어 장기적으로 보관한다.

　주석, 자기, 스테인리스 등 여러 소재들이 있다. 병차의 푸얼차普洱茶보이차
는 깨뜨린 후에 '쯔사紫砂자사' 소재의 통기성 좋은 차관에 숙성 보관한다. 차
관의 대용품으로는 푸얼차普洱茶보이차 전용의 종이 봉지가 있다. 크라프트지
kraft paper의 봉지를 사용하여도 좋다.

수수포隨手泡

뜨거운 물을 끓이는 전기 케틀 같은 것으로 화려하지는 않지만 없어서는 안 될 용품이다.

　중국에는 차마다 적당한 온도가 설정되어 있어 버튼 하나로 각 차에 맞는 온도로 끓여 주는 것도 있다. 낮은 온도로 우리는 차라도 한 번 끓이고 나서는 온도를 더 낮추어 주면 더 맛있다. 물을 끓일 수 있는 주전자나 포트 등을 사용하기도 한다.

정통 의례의 다기

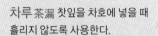

차루 茶漏 찻잎을 차호에 넣을 때
흘리지 않도록 사용한다.

차시 茶匙 찻잎을 차호에 넣기 위하여 사용한다.

차침 茶針 차호의 주둥이가 막혔을 때 사용한다.

차칙 茶則 차관에서 찻잎을 꺼낼 때 사용한다.

차협 茶挾 뜨거운 차배나 큰 찻잎을 집을 때 사용한다.

차호 ①

쯔사후(자사호)라고도 한다. 찻잎의 종류마다 차호를 달리 사용한다. 오래도록 쓰면 찻잎의 향이 배서·차를 우리지 않아도 향기롭다. 이러한 이유로 '차호를 키운다'고도 표현한다.

품명배 ②

차를 마시기 위한 잔이다.

문향배 ③

차의 향을 즐기기 위한 잔이다.

배탁 ④

품명배, 문향배의 받침이다.

차반(차선) ⑤

위에는 다기를 두고 아래에는 불필요한 물이나 우린 찻잎을 놓기 위한 것이다.

중국차의 전문 자격

중국에서는 '다예사茶芸師', '평다원評茶員'이라는 전문 자격 제도를 운영하고 있다. 이는 중국차의 국가 공인 자격으로 중국의 청년들이 구직을 위하여 취득하거나 일반인들이 취미로 취득하고 있다. 중국차 전문학교를 졸업한 후에 전문 자격시험을 보는 것이 일반적이다.

　외국인도 시험을 볼 수 있지만 모두 중국어로 진행되어 어학력이 필요하다. 자격 취득을 위하여 중국으로 단기 유학 코스에 오르는 경우도 있다.

　중국차에 관심이 있는 사람은 이런저런 취득 경로를 알아보는 것도 좋다. 어쩌면 중국차를 알고 싶은 마음이 더 간절해질지도.

다예사茶芸師

중국 국가노동부로부터 공인을 받은 국가 자격이다. 필기와 실기의 시험에 합격하면 국가 공인 자격증을 받을 수 있다.

검정 사항

❶ 찻잎의 품질 감별.

❷ 찻잎의 품질에 따라 적합한 수질, 수량, 수온, 도구로 차를 우릴 수 있다.

❸ 다과의 선정.

❹ 각각 찻잎이나 산지에 대하여 찻잎의 보관 방법 등 차 문화의 지식 여부.

❺ 요구에 따라 음악, 복장, 꽃, 향 등 차에 잘 어울리는 환경을 조성한다.

❻ 생차와 숙차를 구분하여 그들의 색, 향, 맛을 제대로 구별한다.

등급

초급(국가직업자격 5급),

중급(동 4급), 고급(동 3급), 기사(동 2급), 고급 기사(동 1급)

평다원評茶員

중국 국가노동부로부터 공인을 받은 국가 자격이다. 필기와 실기의 시험에 합격하면 국가 공인 자격증을 받을 수 있다.

검정 사항

시각, 후각, 미각, 촉각 등의 감각으로 찻잎의 품질(색, 향, 맛, 모양)을 평가할 수 있다.

등급

초급(국가직업자격 5급),

중급(동 4급), 고급(동 3급), 기사(동 2급), 고급 기사(동 1급)

다예사에 요구되는 실기는 복잡하지만 아주 우아하다.

the enjoying way of Chinese tea

중국차를 맛있게
즐기려면…

중국차는 그 자체로 마셔도 맛있지만 음식과 조합하거나 어레인지를 하
면 더욱더 맛있게 즐길 수 있다. 예를 들면 탄산수를 사용한 스파클링 재
스민차가 대표적인 경우이다. 달달한 호두캐러멜타르트에는 과일의 맛과
향이 나는 홍차나 청차인 둥팡메이런東方美人동방미인을 권한다.
매일의 삶에 플러스알파로 즐겨도 좋고, 소중한 손님을 맞이하면서 다과
와 내는 것도 좋다. 이리저리 차를 즐겨 보기를 바란다.

손님맞이에, 식사에, 티타임에도

손님맞이에는

환영의 차로는 물로 우린 안시톄관인을

반가운 손님맞이에는 물로 우린 싱그러운 안시톄관인安溪鐵觀音안계철관음을
낸다. 우려내는 법은 아주 간단하다. 물 500cc에 대하여 3g의 찻잎을 넣고 냉
장고에 하룻밤을 묵히면 된다. 물로 서서히 우린 중국차는 부드럽게 우러나와
아주 달고 맛있는 차가 된다.

물로 우리는 중국차는 녹차나 홍차나 재스민차나 향기로운 우롱차도 가능
하여 이것저것 다양하게 만들어 보기 바란다. 홍차의 경우 물 500cc에 대하여
찻잎 5g을 사용한다. 추운 겨울이면 몸을 따뜻이 하는 푸얼수차普洱熟茶보이
숙차를 작은 차배에 부어 손님을 맞는 것도 좋다.

핑거푸드와 산양유치즈 × 시후룽징西湖龍井서호용정

파티에서 처음 내는 차로 녹차 시후룽징西湖龍井서호용정은 어떠할는지. 깊이
있는 시훙룽징西湖龍井서호용정의 녹차 맛에 진하디진한 산양유치즈를 넣은 카
나페canape를 함께 곁들여서. 각각의 깊이 있는 맛이 서로를 돋보이게 한다.

모양과 맛의 악센트로 네모난 파파야를 넣으면 신선한 단맛이 가미되어 하
모니를 이룬다.

블루치즈에 맞춘다면 진한 맛이 나는 푸얼수차普洱熟茶보이숙차인 '천녠차陳
年茶진년차'가 좋다. 맑은 붉은빛기의 푸얼수차普洱熟茶보이숙차는 숙성 레드와
인같이 즐길 수 있다.

식사에는

버터치킨카레 × 스파클링 재스민차

짜릿하여 식욕을 북돋는 스파이스가 듬뿍한 버터치킨카레에는 탄산수로 우린 재스민차를 권한다. 탄산의 거품이 토도독 터질 때마다 재스민의 싱그러운 향과 탄산의 화하도록 시원한 혀 미감이 카레의 매운맛을 줄여 준다. 샴페인 같이 향기로우면서도 아련한 초록빛기의 차 수면으로 뜨는 기포는 그야말로 아름다워 테이블이 순간 화려해진다.

물로 우릴 경우와 마찬가지로 탄산수 500cc에 대하여 재스민차 3g를 병 안에 직접 넣고 냉장고에 이틀 정도 묵히면 된다. 바이룽주白龍珠백룡주처럼 공 모양으로 되어 있는 찻잎이 병에서 따르기도 쉬워 더욱더 권하여 본다. 만들기도 간편하고 맛도 있는 스파클링 재스민차에 꼭 도전하여 보기 바란다.

온화한 아침에는 모로코식 민트차를

아침에 갓 구워 내 향도 그윽한 빵에는 신선한 민트 잎으로 가득한 모로코식 민트차를 권한다.

포트에 민트 잎을 다량으로 넣고, 설탕을 1큰술, 좋아하는 홍차를 1작은술 넣어 뜨거운 물을 붓기만 하면 완성이다. 빵에는 버터만 발라 심플하게 먹어도 좋다.

여기에 상쾌한 뎬훙滇紅전홍를 더하면 맛은 더할 나위 없이 좋다. 정산샤오중正山小種茶정산소종를 더하면 오리엔트의 훈연향이 느껴지면서 또 다른 맛의 세계에 들어선다. 민트에는 진정 작용이 있어 온화한 아침을 맞이하는 데 딱 맞다. 또 홍차에는 소화 촉진 효능도 있어 위를 깨끗이 청소하여 좋다. 치면훙차祁門紅茶기문홍차, 촨훙궁푸川紅工夫 등 여러 홍차로 즐겨 보기 바란다.

디저트에는

스파이스케이크 × 펑황단충

낮 동안에 기분도 나른한 시간. 친구와 수다를 떨거나 혼자서 좋아하는 책을 조용히 읽거나 음악을 듣거나 하는 경우에는 역시나 맛있는 디저트를 찾게 마련이다. 그 디저트와 차는 베스트 파트너이다.

　예를 들어 향신료로 계피나 육두구 열매를 듬뿍 사용한 스파이스케이크는 촉촉하면서도 적당히 달아 남성이나 단것을 안 좋아하는 사람에게도 권하고 싶다. 그 스파이스케이크를 청차인 펑황단충鳳凰單欉봉황단총과 함께 마셔 보기 바란다.

　펑황단충鳳凰單欉봉황단총은 입안에 들어간 순간 쓴맛이 감돌다 뒤이어 화

려한 향이 확 퍼지는 어른스러운 맛이다. 달지 않아 어른스러운 맛은 스파이스케이크와 궁합이 잘 맞다.

향기로운 중국차는 음식에 재료로 사용하면 독특한 맛을 연출한다. 프랑스 음식 크렘브륄레crème brûlée나 무스mousse 등에 안시톄관인安溪鐵觀音안계철관음을 넣은 '시누아즈리Chinoiserie-중국풍' 분위기의 디저트도 멋진 대접이 될 것이다. 평소의 레시피에 또 하나 더 추가하여 풍미를 즐겨 보기 바란다.

펑황단충에 어울리는 스파이스케이크 만들기
● 파운드형 18×8cm 1개분

🧺 **재료**

*버터 50g, *계란 1개 , *설탕 50g, *박력분 100g, *아몬드파우더 30g, *베이킹파우더 1작은술, *시나몬파우더 1g 정도, *육두구파우더 1g 정도, *우유 80cc, *건포도 50g

🥣 **준비**

❶ *의 재료를 섞어 체로 친다.
❷ 버터는 전자레인지 등을 사용해서 녹여 둔다.
❸ 건포도는 박력분(분량 외)을 묻힌다.
❹ 오븐을 170도로 예열한다.
❺ 파운드 형틀에 유산지를 깔아 놓는다.

👨‍🍳 **만들기**

❶ 그릇에 *의 재료를 넣어 섞는다.
❷ ①에 *의 가루들을 3회 정도로 나눠 넣어 가볍게 섞는다.
❸ 건포도를 넣고 가볍게 섞은 후 우유를 넣어 반죽한다.
❹ 형틀에 넣어 오븐으로 170도의 온도로 30~40분 굽는다.
　하룻밤 두면 촉촉하면서도 맛있다.

호두캐러멜타르트 × 둥팡메이런

진한 캐러멜이 풍부하게 들어가 달달한 호두캐러멜타르트는 과일 향이 매력
적인 청차(우롱차) 둥팡메이런東方美人동방미인과 함께 마셔 보기 바란다.

찻잎의 산화도가 높아 홍차에 가까운 맛을 지닌 우롱차 둥팡메이런東方美人
동방미인은 사실은 양과자와 잘 어울린다. 그 외에 진한 맛의 치즈케이크에도 잘
어울린다. 스트레이트는 물론 밀크 티로 만들면 이색적인 맛으로 즐길 수 있다.

또 백차도 산화도가 비록 높지는 않지만 양과자와 잘 어울린다. 그중 하얀
홍차로 불리는 바이무단白牡丹백모란은 초콜릿에도 잘 어울린다. 백차가 특히
프랑스에서 인기를 끌고 있는 것은 이런 이유에서일 것이다.

둥팡메이런에 어울리는 호두캐러멜타르트 만들기

● 타르트형 20cm 1개분

🧺 재료

타르트 반죽 : 무염버터 75g, 가루설탕 50g, 노른자위 1개, 박력분 110g
　　　　　　　아몬드파우더 25g

필링 : 각설탕 120g, 버터 20g, 생크림 150cc, 호두 150g

👨‍🍳 만들기

타르트 반죽 : 버터와 노른자위는 상온에 두고, 가루설탕, 박력분, 아몬드파우더는 각각 체로 친다.

❶ 그릇에 버터와 가루설탕을 넣어 크림 상태가 될 때까지 거품기로 섞는다.

❷ ①에 아몬드파우더, 노른자위를 차례로 넣어 하얘질 때까지 완전히 섞는다.

❸ ②에 박력분을 2〜3회에 나눠 넣고, 가루들이 덩어리질 때까지 고무주걱으로 섞어 반죽한다.

❹ 반죽을 랩 등으로 싸 1시간 이상 냉장고에 둔다.

❺ ④의 반죽을 타르트 형틀보다 조금 크게 펴서 형틀 위에 놓은 뒤 포크로 공기구멍을 만든다.

❻ 타르트 스톤을 두고 180도로 예열한 오븐에서 12〜15분 동안 한 번 굽는다.

필링 : 호두는 크게 부셔서 살짝 볶는다.

❼ 냄비에 각설탕과 버터를 넣어 계속 휘저으면서 중간 세기의 불로 가열하여 끓기 전에 불을 끈다.

❽ ⑦에 생크림을 조금씩 넣어 잘 섞는다. 한꺼번에 넣으면 생크림이 튀어서 위험하다.

❾ ⑧에 부순 호두를 넣고, 이것을 식은 타르트 반죽에 넣어, 180도로 예열한 오븐에서 25분 정도 구워 내면 완성이다.

티타임에는

푸얼수차의 차이 티

식후에는 푸얼수차普洱熟茶보이숙차의 스파이스로 가득한 '차이 티chai tea'를 마셔 보기 바란다. 푸얼수차普洱熟茶보이숙차에는 소화 촉진 효능이 있어서이다.

　푸얼수차普洱熟茶보이숙차는 또 밀크 티로 만들어 먹어도 맛있는 차이다. 달짝지근한 우유 맛의 차이 티에 잘 어울린다.

　물 200cc에 약 5g의 찻잎을 넣고 100도로 끓으면 다시 불을 낮춰 약한 불로 1분 30초 정도로 끓인다. 이어 설탕 1큰술, 우유 200cc를 넣고 중간 세기의 불로 가열한다. 다시 100도로 끓기 시작하면 다시 약한 불로 3분. 이로써 몸을 따뜻이 하는 '푸얼 차이 티普洱 chai tea'가 완성이다.

　추운 겨울에 과식한 경우에는 반드시 마셔 보기 바란다. 설탕을 많이 넣어 달게 만들면 디저트로도 즐길 수 있다. 설탕의 양을 조절하여 좋아하는 맛을 찾아보는 것도 좋은 일이다.

싱글몰트 × 정산샤오중

차와 술을 좋아하는 사람들에게 권할 만한 차이다. 매캐한 향이 나는 싱글몰트single-malt와 솔잎을 태운 연기로 훈연하여 쑹옌샹松煙香송연향이 나는 우이산 산지의 정산샤오중正山小種정산소종을 블렌딩하여 마시면 그 향과 풍미가 잘 펼쳐진다. 품질이 좋은 정산샤오중正山小種정산소종은 솔잎 향과 함께 용안 열매와 비슷한 단 향이 입안에 남아 싱글몰트가 가진 맛을 살려 준다.

투명한 급결 유리잔에 넣어 정산샤오중正山小種정산소종의 아름다운 모습을 바라보면서 체이서chase 대신에 마셔 보기 바란다. 같은 술도 평소와 다른 맛을 보여 줄 것이다.

잘 아는 사람들이 밤에 조금은 어른스럽게 중국차를 즐기는 방법이다. 다만 지나치게 마시지는 않도록 해야 한다.

소박하고 귀여운 중국 다과

보기에도 맛도 소박하지만 왠지 그립고 깜찍
하여 중국차에 딱 맞는 과자는 중국 식료품점
에서도 쉽게 구할 수 있다. 수많은 과자 중에
서도 대표적인 것만 여기에 소개한다.

카이신궈(開心果, 개심과)
피스타치오. 안주라는 이미지가
강하지만 중국에서는 다과로 낸다.

판체간(番茄干, 번가간)
단맛이 농축된 건조 방울토마토.
고급인 것은 맛도 색깔도 뛰어나다.

즈마가오(芝麻糕, 지마고)
깨 페이스트를 쌓은 떡. 쫄깃하고
단맛이 난다. 단것을 좋아하는 사람
에게 권한다.

시과쯔(西瓜子, 서과자)
수박 씨앗. 깨어 속만 먹는다.

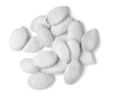

난과쯔(南瓜子, 남과자)
단호박 씨앗. 중국에서는 흔히 먹는
과자로 깨어 속만 먹는다.

완더우황(豌豆黃, 완두황)
완두콩으로 만든 전통 과자.
양갱 같은 식감으로 적당히 달다.

푸타오간(葡萄干, 포도간)
건포도. 보통 과자로 먹는다.
단맛이 차와 잘 어울린다.

디과간(地瓜干, 지과간)
고구마를 쪄 말린 과자. 볼륨 있어
포만감이 좋고 영양가도 높다.

푸링셰빙(茯苓挾餠, 복령협병)
구운 밀크 과자 같은 얇은 껍질에 단
팥을 소로 넣은 과자. 베이징 전통
과자.

궈단피(果丹皮, 과단피)
산사나무 열매 페이스트를 말은 과
자. 캔디 정도로 작은 크기로 새콤
달콤하다.

산자펜(山査片, 산사편)
산사나무의 열매와 설탕을 섞어 만
든 칩스. 새콤달콤하고 촉촉한 맛.

산자빙(山査餅, 산사병)
산사나무를 사용한 과자. 달콤한 층
과 새콤한 층이 엇갈린 작은 케이크.

탕후루(糖葫芦, 탕호로)
작은 능금 크기로 설탕 같은 맛이
만 실은 산사나무의 빨간 열매. 베이
징의 겨울 전통 과일 꼬치.

웨빙(月餅, 월병)
중추절에 먹는 동그랗게 구운 과자.
소의 종류는 여러 가지로, 특히 달
걀의 노른자위가 소로 든 것은 맛이
뛰어나다.

사치마(沙琪瑪, 사기마)
밀가루를 튀긴 후 꿀이나 설탕으로
다진 과자. 동실동실한 식감이 독특
하다.

푸링궈런추이(茯苓果任脆, 복령과임취)
땅콩이나 잣이나 해바라기의 씨앗으
로 만든 과자로 베이징 특산품. 버터
나 계화 맛도 있다.

샹과쯔(香瓜子, 향과자)
해바라기 씨앗. 깨어 속만 먹는다.
한 손에 쥐어 이로 깨 먹는 것이
현지식이다.

간홍자오(干紅棗, 간홍조)
말린 대추. 바삭한 식감과 자연스러
운 단맛에 손이 자주 가는 과자.

황리쑤(鳳梨酥, 황리수)
파인애플 케이크. 크기가 작아 먹기
에 편리하다. 중국 남부의 특산품.

보러펜(菠蘿片, 파라편)
꽃 모양으로 노랗게 말린 파인애플.
농축된 신맛과 단맛이 일품!

디과가오(地瓜糕, 지과고)
고구마를 익혀 만든 과자. 알밤 정도
크기로 고구마 모양이 재미있다.

허타오(核桃, 핵도)
일반 호두. 과자로 제공되거나 요리
의 재료로 사용된다.

제5장

the buying way of Chinese tea
중국차 구입하기

나날이 진화하여 그 종류도 늘어만 가는 중국차. 지금은 인터넷이나 전자
유통 환경이 잘 발달되어 중국이 아닌 다른 나라에서도 쉽게 구할 수 있는
종류가 많아졌다. 또 중국차를 사는 그 자리에서 곧바로 차를 마실 수 있
는 카페, 다기까지 구할 수 있는 숍, 교실, 웹 숍 등 다양한 형태의 가게들
이 있다. 이를 통하여 자신의 마음에 꼭 드는 차를 골라 마셔 보기 바란다.
여기서는 중국에서 차를 살 때 유의하여야 할 유용한 정보와 구입 문화를
소개한다.

중국에서 차 구입

차의 본고장인 중국에 가면 찻집에서 찻잎을 사 보고 싶은 마음이 우러난다. 여기서는 중국의 찻집에서 찻잎을 사는 방법을 설명한다.

중국에서는 찻잎의 가격을 1근(500g)당 가격으로 표시하는 것이 일반적이다. 구입하는 경우에 최소 판매 단위는 보통 1냥(50g)이다.

가게에서 '얼마에요?'라고 물었을 경우 '300위안'이라 들었으면, 500g에 300위안이므로 50g을 구매하는 경우에는 30위안이라는 뜻이다.

찻집에서는 시음을 얼마든지 할 수 있어 마음에 쏙 드는 찻잎이 보이면 마음 편히 시음을 부탁하여도 좋다.

'시음해 보고 싶어요'라고 말하면, 흔쾌히 '좋아요'라며 응하여 줄 것이다.

찻잎은 모양새만 보아도 품질을 어느 정도 판단할 수 있지만, 그 맛이나 향은 역시나 마셔 보지 않으면 알 수 없다. 또 우롱차는 3~4회 우릴 때 맛이 가장 좋을 경우가 많아 시음할 경우에는 하나의 차를 4~5회까지 우린 것을 마시고 맛의 변화를 마지막까지 확인하는 것이 무엇보다 중요하다.

어떤 찻잎을 골라야 할지 갈피를 잡지 못할 경우에는 '권하는 차 있나요?'라고 물어 보아 가게의 직원으로부터 추천을 받는 방법도 있다. 그러면 새로운 차나 지명도는 낮더라도 맛있는 차를 만나는 행운을 얻을 수도 있다.

중국의 신차 시즌은 3월 하순부터 5월까지여서 이 시기에 찻집에 가면 싱싱한 신차들을 많이 만나 볼 수 있다. 안시톄관인安溪鐵觀音안계철관음은 봄 차 이외에 10월경에도 가을 차로 신차가 나온다.

좋은 차를 찾아내는 데 관건은 직원이 아니라 주인이 직접 손님을 받는 가게를 찾는 일이다. 이런 가게에서는 주인이 손님에게 차에 관한 여러 이야기를 자세히 들려줄 뿐만 아니라 차도 맛있게 우려내 대접한다. 시음을 시행하지 않는 가게는 찻잎의 품질을 알 수 없어 구입을 않는 것이 바람직하다.

개인 상점 외에 프랜차이즈 시스템으로 운영하는 찻집도 있다. 프랜차이즈로 운영하는 찻집은 마니아적인 찻잎이나 최고급의 찻잎을 다루지는 않지만 일정 수준의 찻잎을 두루 갖추고 정가 판매를 하고 있어 중국차 초보자도 믿고 안전하게 구입할 수 있다.

차는 '마음이 편한 시간'을 상징하는 음료이다. 차를 사는 과정도 가게 사람의 이야기를 들으면서 한 번 두 번 차를 우려 마시면서 느리게 진행되어 하나의 차를 완전히 시음하는 데만 30분 이상은 너끈히 걸린다. 차를 사러 가는 경우에는 시간을 충분히 확보하여 제대로 시음을 하여 마음이 우러나오는 찻잎을 만나 보기 바란다.

시장의 차 거래 문화

찻잎을 사기에 앞서 가게 직원은 상품을 보여 주고, 손님은 시음을 하는 것이 일반적이다. 시장의 상점 대부분이 개인 가게이지만 시음만큼은 마음 편히 할 수 있다. 프랜차이즈로 운영되는 상점에서도 시음이 가능하다. 찻집의 사람과 이런저런 차에 관한 담소를 나누면서 여유 있게 쇼핑을 즐겨 보기 바란다.

찻잎을 사는 경우에는 시음을 한다. 찻잎이 나오면 상태도 확인한다.

시음할 경우에는 점원이 찻잎에 뜨거운 물을 붓고 우린다. 손님은 앉아서 느긋이 마실 수 있다.

거름망을 통하여 공도배에 따른다. 점원은 이 일에 익숙하여 차를 신속히 우린다.

손님은 차를 첫 번째 우리는 경우 먼저 찻빛을 보고 향을 맡아 본다. 확인이 끝나면 다음으로 맛을 본다.

와인을 시음하는 것같이 입안에 공기를 넣어 소리를 울리면서 시음한다.

손님이 우린 후의 찻잎을 보여 줄 것을 요청하면 점원이 다기를 건네어 확인할 수 있다.

뚜껑을 거꾸로 뒤집어 찻잎의 향을 직접 확인한다.

차의 가격은 왜 폭등하는가?

후진타오 국가주석이 푸틴 대통령에게 자신의 고향 안후이성에서 생산된 차를 주는 장면이 인쇄된 카드. 그 당시에는 여러 찻집에서 장식으로 걸기도 하였다.

중국 내에서 찻잎을 구입하는 경우에 가격이 전년도에 비하여 두 배 이상으로 올라간 것도 있다. 요인은 여러 가지이겠지만 어느 한 차가 중국을 방문한 국빈에게 보내는 선물로 확정되면 다음 해에는 그 차의 가격이 치솟는다.

근년의 예로는 2007년에 후진타오胡錦濤 국가주석이 러시아의 블라디미르 푸틴 Vladimir Putin 대통령에게 자신의 고향인 안후이성의 차인 황산마오펑黃山毛峰황산모봉, 타이핑허우쿠이太平猴魁태평후괴, 루안과펜六安瓜片육안과편, 황산뤼무단黃山綠牡丹황산녹

모란을 선물한 것이 계기가 되어 안후이성의 찻잎 가격은 점점 올라갔다.

상품의 타이핑허우쿠이太平猴魁태평후괴 1근(500g)이 2005년경에는 800위안에 거래되었던 것이 2012년에는 베이징 찻잎 시장에서 1근에 3000위안으로까지 치솟아 거래되었다. 최상품인 경우에는 1근에 6만 위안이라는 하늘을 찌를 듯한 가격으로 지금까지도 고공 행진을 계속하고 있다.

산지에서도 여러 소비 촉진 활동으로 인하여 갑자기 유행하는 차가 있다. 중국 차 시장에서는 차의 가격이 오르내리는 것이 매우 흥미롭다.

중국의 차 시장_흑차 전문점

중국의 시장에는 대부분 차 상점들이 있다. 큰 상점들은 대부분 여러 종류의 차를 팔지만 한 종류의 차만 전문적으로 파는 곳도 있다.

중국의 흑차 전문점에서는 초콜릿 과자처럼 작은 것에서부터 빵 접시처럼 큰 것에 이르기까지 다양한 크기와 종류의 흑차들을 판매하고 있다.

이런 곳을 방문하면 보통 점원이 차를 시음해 볼 것을 권한다. 또한 점원은 손님이 차를 제대로 맛볼 수 있도록 계속 우려 준다. 이때 '진찬金蟾금선'이라는 다리가 셋인 두꺼비상은 중국 풍습에 따라 차를 우리는 사람을 향해 놓기도 한다. 풍수적으로 행운을 몰고 온다는 성스러운 동물이기 때문이다.

포장재의 디자인이 다양하고 아름답기로 유명한 흑차. 흑차 전문점에서는 다양한 디자인의 포장재에 수많은 종류의 흑차들이 병차의 형태로 차곡차곡 진열되어 있다.

흑차 전문점에는 병차의 형태가 아니라 큰 항아리에 소분되어 있는 흑차도 볼 수 있다.

시중에서 판매되고 있는 한 흑차. 손님이 구입 의사를 밝히면 시음을 할 수 있다.

시음을 위해 점원이 우린 흑차를 따르는 모습. 이때 행운을 몰고 온다는 두꺼비상은 손님을 향해 놓는다.

카페에서도 중국차는 잘 팔리는 메뉴

스타벅스는 전 세계 곳곳에 지점을 둔 글로벌 프랜차이즈 커피점이다. 중국에서도 '싱바커星巴克성파극'라는 이름으로 알려져 있다.

중국 내의 스타벅스에는 커피 외에 중국차도 메뉴에 들어 있다. 중국식 차를 주문하면 녹차인 비뤄춘碧螺春벽라춘, 백차인 바이무단白牡丹백모란, 우롱차인 둥팡메이런東方美人동방미인과 안시톄관인安溪鐵觀音안계철관음의 네 종류 중 하나를 고를 수 있다.

백차를 주문하면 잎이 분쇄된 바이무단白牡丹백모란이 든 사면체의 티백이 준비되어 있어 여기에 온도가 높은 뜨거운 물을 따르면 곧바로 진한 찻빛의 차가 우러나온다. 찻잎이 분쇄되어 있어서인지 바이무단白牡丹백모란이라기보다는 서우메이壽眉수미에 가까운 맛이지만 그럼에도 백차의 향과 맛을 한껏 즐길 수 있다.

중국의 찻집에서는 차를 주문하면 뜨거운 물은 몇 잔이라도 반복하여 주문할 할 수 있어 스타벅스에서도 마찬가지로 뜨거운 물을 반복하여 주문할 수 있다. 장시간 머무르는 경우에는 중국차를 주문하는 것도 좋다.

중국차 색인(137종류)

중국차 색인(137종류)

한국티소믈리에연구원은 국내 최초의 티(tea) 전문가 교육 및 연구 기관이다. 티(tea)에 대한 전반적인 이론 교육과 함께 티 테이스팅을 통하여 다양한 맛을 배워 가는 과정으로 창의적인 티소믈리에와 티블렌더, 티코디네이터를 양성하는 데 주력하고 있다.

티소믈리에는 고객의 기호를 파악하고 티를 추천하여 주거나 고객이 요청한 티에 대한 특성과 배경을 바로 알아 고객에게 추천하는 역할을 한다. 티블렌더는 티의 맛과 향의 특성을 바로 알아 새로운 블렌딩티(TEA)를 만들 수 있는 전문가적 지식과 경험이 필요하다. 또 티코디네이터는 티와 푸드의 지식을 통해 트렌드에 맞게 페어링하고 연출하여 소비자의 만족스러운 구매를 돕는 역할을 한다.

티소믈리에, 티블렌더, 티코디네이터 교육 과정은 L3, L2 자격증 과정과 골드 과정을 운영하고 있다. 사단법인 한국티(TEA)협회와 한국티소믈리에연구원이 공동으로 주관하고, 한국직업능력개발원이 공증하는 L3, L2 자격증은 단계별 프로그램을 이수한 후 자격시험 응시가 가능하다. 골드 과정은 티소믈리에, 티블렌더, 티코디네이터 Advanced 수료자를 대상으로 한 티 전문가 교육 과정이다. 골드 과정은 각 교육 과정의 깊이 있는 연구를 통해 티 전문가로서 갖춰야 할 전문 교육 프로그램을 이수하여 강사로 활동하거나 지식과 경험을 통합하여 티(TEA)비즈니스에 대해 이해할 수 있는 프로그램으로 티 산업의 다양한 영역에서 활동할 수 있도록 한다.

현재 한국티소믈리에연구원은 본원에서 교육 및 연구를 진행하고 R&D센터에서 교육 및 응용, 개발을 실시하고 있으며, 지금까지 수많은 티 전문가들을 배출해 왔다.

KOREA
TEA SOMMELIER
INSTITUTE

한국 티소믈리에 연구원

사단법인 **한국티(TEA)협회 인증**

티소믈리에 & 티블렌더 & 티코디네이터 교육 과정 소개

- 티소믈리에, 티블렌더 및 티코디네이터 L3, L2 자격증.
  - 사단법인 한국티협회와 한국티소믈리에연구원이 공동으로 주관.

- 티소믈리에 L2, L3 자격증 과정
  - 티소믈리에 L3
  - 티소믈리에 Advanced L2

- 티소믈리에 골드 과정
  - 강사 양성 과정, 티 비즈니스의 이해 과정.

- 티블렌더 L3, L2 자격증 과정
  - 티블렌더 L3
  - 티블렌더 Advanced L2

- 티블렌더 골드 과정
  - 강사 양성 과정, 티블렌딩 응용 개발 과정.

- 티코디네이터 L3, L2 자격증 과정
  - 티코F|네이터 L3
  - 티코디네이터 Advanced L2

- 티코디네이터 골드 과정
  - 강사 양성 과정, 티 비즈니스 이해 및 응용 개발 과정.

티소믈리에를 위한

중국차 바이블

2017년 1월 17일 2쇄 발행
2022년 6월 20일 3쇄 발행

지 은 이 ┃ 곤마 도모코
원저감수 ┃ 북경동방국예국제차문화교류센터
번   역 ┃ 히라타 교코
감   수 ┃ 정승호
펴 낸 곳 ┃ 한국 티소믈리에 연구원
출판신고 ┃ 2012년 8월 8일 제 2012-000270 호
주   소 ┃ 서울특별시 성동구 아차산로 17 서울숲 L타워 1204호
전   화 ┃ 02) 3446-7676
팩   스 ┃ 02) 3446-7686
이 메 일 ┃ info@teasommelier.kr
웹사이트 ┃ www.teasommelier.kr

펴 낸 이 ┃ 정승호
출판팀장 ┃ 구성엽
디 자 인 ┃ 문팀장

ISBN 979-11-85926-01-8 (03590)
값 16,000원

이 도서의 국립중앙도서관 출판예정도서목록(CIP)은 서지정보유통지원시스템
홈페이지(http://seoji.nl.go.kr)와 국가자료공동목록시스템(http://www.nl.go.kr/kolisnet)에서
이용하실 수 있습니다(CIP 제어 번호: CIP2014035923).